浅层地热系统
设计、建造、运行和监测

Shallow Geothermal Systems
Recommendations on Design, Construction, Operation and Monitoring

德国地质学会（DGGV）
德国岩土工程学会（DGGT） 主编

赵红华　赵红霞　韩吉田　译

孔纲强　审

中国建筑工业出版社

著作权合同登记图字：01-2019-1340 号

图书在版编目（CIP）数据

浅层地热系统：设计、建造、运行和监测 / 德国地质学会，德国岩土工程学会主编；赵红华，赵红霞，韩吉田译. — 北京：中国建筑工业出版社，2021.12

书名原文：Shallow Geothermal Systems Recommendations on Design，Construction，Operation and Monitoring

ISBN 978-7-112-26357-8

Ⅰ.①浅… Ⅱ.①德…②德…③赵…④赵…⑤韩… Ⅲ.①地热能-浅层开采-研究 Ⅳ.①TK529

中国版本图书馆 CIP 数据核字（2021）第 138611 号

责任编辑：刘颖超　董苏华　　责任校对：李欣慰

浅层地热系统
设计、建造、运行和监测
Shallow Geothermal Systems
Recommendations on Design，Construction，Operation and Monitoring
德国地质学会（DGGV）　德国岩土工程学会（DGGT）　主编
赵红华　赵红霞　韩吉田　译
孔纲强　审
＊
中国建筑工业出版社出版、发行（北京海淀三里河路 9 号）
各地新华书店、建筑书店经销
北京鸿文瀚海文化传媒有限公司制版
北京盛通印刷股份有限公司印刷
＊
开本：880 毫米×1230 毫米　1/32　印张：9　字数：263 千字
2022 年 4 月第一版　2022 年 4 月第一次印刷
定价：**40.00** 元
ISBN 978-7-112-26357-8
　　　　（37693）
版权所有　翻印必究
如有印装质量问题，可寄本社图书出版中心退换
（邮政编码　100037）

序

在过去的 10 年间，浅层地热能的利用增长极快。随着地热能安装数量的增加，这一领域的许多技术得以发展。地热能系统建造和运行中发生危害的案例也吸引了很多媒体的注意。尤其是那些给公众带来危害的案例表明：钻进几百米的深度是需要在系统的质量设计保证、建造和运行等方面负责的技术活动。避免浅层地热能安装带来的危害是可持续利用地热能的重中之重，特别是在保护地下水体免受有害影响时。本书的建议可视为对实现这种系统质量保证的一项贡献。德国地质学会（DGGV）的水利地质分部、德国岩土工程学会（DGGT）的工程地质分部的地热能研究组的一个目的是，促进地热能作为一个环境友好型能源的广泛应用，同时优先保护水体。作者以及 DGGV 和 DGGT 提出的内容是作为建议而不是作为标准意义上的一组技术准则。因此，地热能研究组的建议包括许多教科书的段落和关于批准和许可立法的信息。

研究组的作者及其助理是来自设计咨询公司、建筑公司、建筑材料公司、政府部门和大学的水利地质学家、工程地质学家和工程师。他们在多年经验的基础上提出了这些建议并且注意到这一事实，即一些内容可能会在技术圈内引发争议。

为了保证地热能研究组所提建议的技术质量，本书内容经过审稿评议过程。英格丽德·斯托伯（Ingrid Staber）教授（弗赖堡地区管理局），罗尔夫·布雷克（Rolf Bracke）教授（国际地热能研究中心，波鸿）和德米特里·V. 鲁达科夫（Dmitry V. Rudakov）教授（国家矿业大学，波鸿）承担了这一重要和迫切的任务，从不同的角度解决了问题。在当前版本中仔细考虑了他们的意见。

除了同行评议的过程，出版社在网上发布这一建议后 3 个月的时间内，邀请任何对此感兴趣的人提交他们的评论、意见和建议，以便在 3 个月内进行改进。作者阅读和评估了每一条收到的建议，使得书中的文字和图表得到很多改进和提高。我们非常感谢所有对研究组做出贡献的人员。

研究小组的发言人

英戈·萨斯（Ingo Sass）理学博士、教授
应用地热科技研究所，达姆施塔特工业大学，什尼茨施潘大街 9 号，64287 达姆施塔特

副发言人

德克·布雷姆（Dirk Brehm）理学博士
英属圭亚那，比勒费尔德

研究组成员

威廉·乔治·科尔德维（Wilhelm Georg Coldewey）理学博士、教授
地质古生物研究所，明斯特大学

乔格·迪特里希（Jörg Dietrich）理学博士
海德堡水泥公司，恩尼格洛

雷纳·克莱恩（Rainer Klein）理学博士
博登和格兰德瓦瑟，阿姆策尔

托尔斯滕·凯尔纳（Torsten Kellner）采矿工程师
柏林

布伦德·基尔斯鲍姆（Bernd Kirschbaum）工程硕士、地质工程师
联邦环保局，德绍

克莱门斯·莱尔（Clemens Lehr）地质工程师
莱尔岩土环境局，巴德诺海姆

亚当·马雷克（Adam Marek）地质工程师
　环境部，比勒费尔德

菲利普·米尔克（Philipp Mielke）工程硕士
　应用地热科技研究所，达姆施塔特工业大学

卢茨·穆勒（Lutz Müller）理学博士、教授
　环境工程部门，奥斯特韦斯特法伦利佩应用科学大学，霍克
　斯特

比约恩·潘特利特（Björn Panteleit）理学博士、教授
　不来梅地质服务局（GDfB）

斯特凡·波尔（Stefan Pohl）地质工程师
　POHL 岩土咨询公司，本多夫

约阿希姆·波拉达（Joachim Porada）地质工程师
　德国地理咨询有限公司，哈斯菲尔德

斯特凡·席斯（Stefan Schiessl）工程硕士
　TERRASOND 股份有限公司，古茨堡

玛利奇·韦德沃德（Marec Wedewardt）理学博士
　参议院城市发展与环境部，柏林

多米尼克·韦斯奇（Dominik Wesche），地理学硕士
　地质古生物研究所，西威廉大学蒙斯特分校

英戈·萨斯（Ingo Sass）博士、教授

2016 年 3 月

达姆施塔特

中文版序

2021 年，中国迈入"十四五"开局之年，"十四五"规划为我们描绘出一幅面向未来的宏阔蓝图。"十四五"期间，我国要努力趋向碳达峰和碳中和愿景，必须大力推动经济结构、能源结构和产业结构的转型升级，推动构建绿色低碳循环发展的经济体系，倒逼经济高质量发展和生态环境高水平保护，迈好新发展阶段、现代化时期控碳的第一步，不断为应对全球气候变化作出积极贡献。地热能是蕴藏在地球内部的天然绿色热能，具有清洁、高效、稳定、安全等优势，在治理雾霾、节能减排、调整能源结构等方面发挥着独特作用，尤其在供暖领域，地热能将成为未来主要的发展方向之一。

《中国地热能发展报告（2018）》数据显示，我国浅层地热能、中深层地热能直接利用分别以年均 28%、10% 的速度增长，已连续多年位居世界第一。在国家政策的支持下，我国地热资源综合开发利用发展迅速。国家发展和改革委员会等六部门下发的《关于加快浅层地热能开发利用促进北方采暖地区燃煤减量替代的通知》再一次助推地热能产业的发展。为因地制宜加快推进浅层地热能开发利用，推进北方采暖地区居民供热等领域燃煤减量替代，提升居民供暖清洁化水平，改善空气环境质量，作为一种绿色低碳、可循环利用的可再生能源，我国地热能资源储量大、分布广、市场开发潜力巨大。但地热能开发利用与水能、风能和太阳能等相比，尚处于起步阶段。虽然已经开展了一些研究工作，但仍然跟不上地热能利用快速发展的需要，相关的参考资料也非常匮乏。

近年来，随着各国加大开发新能源，地热能也越来越受到关注。目前整个欧洲，地热发电、直接利用和地源热泵三种地热利用方式都得到较好的应用和发展，且已具备相关的成熟技术。德国在地热利用方面积累了多年的浅层地热开发和利用的经验，德国地热

能研究专家就地热能开发利用中的问题定期召开讨论会，并于
2016 年出版了关于浅层地热能利用的专著《浅层地热系统——设
计、建造、运行和监测》，这是整个研究小组的集体科研成果，为
浅层地热系统的设计、建造、运行和监测提出了一系列指导意见。
在这一背景下，这本书的翻译恰逢其时，为我们国家开发和利用浅
层地热提供了宝贵的借鉴。

本书分别由从事岩土工程多年科研工作的赵红华副教授和从事
动力和能源研究的赵红霞副教授、韩吉田教授完成翻译。他们以自
己多年科研工作的积累和对地热能源这一领域的深入了解、掌握完
成了本专著的精准翻译工作，为开展浅层地热能源的开发和利用提
供了一份宝贵的专业参考书籍。在他们的翻译专著即将出版之际，
谨向他们表示由衷的祝贺！

*

2022 年 3 月

　＊　：徐伟，全国工程勘察设计大师，中国建筑科学研究院总工，建筑环境能源研究
院院长。

致 谢

我们谨代表 DGGV/DGGT 地热能源研究小组的成员，感谢所有为编写此书作出贡献和提供支持的有志人士。感谢下列人员：

吉塞拉·奥古斯丁（Gisela Augustin），地质学硕士，汉堡

阿尔内·巴斯（Arne Buss），工学硕士，柏林

韦雷娜·赫尔曼（Verena Herrmann），博士，德国地质技术股份有限公司，维尔茨堡

克劳斯·黑斯克（Claus Heske），博士，国际地热中心，波鸿

霍格尔·诺克（Holger Knoke），副教授，IBES 有限公司，诺伊施塔特/韦恩斯特拉瑟

马丁·索特（Martin Sauter），教授，哥廷根大学

英戈·舍费尔（Ingo Schäfer），地质学硕士，北莱茵-威斯特伐利亚地质部门，克雷费尔德

狄特马·申克（Dietmar Schenk），教授，美因兹大学

克里斯蒂安·施庞（Christian Spang），地质学硕士，施庞博士工程地质及环境技术设计公司，维滕

安德烈亚斯·泰瑞恩（Andreas Terglane），地质学硕士，HPC AG 公司，斯图加特

如果没有达姆施塔特大学工程硕士西蒙娜·罗斯-克里鲍姆（Simone Ross-Krichbaum）女士的不懈努力和支持，就不可能有如此紧凑的工作会议和投票日程。达姆施塔特大学的理科硕士塞巴斯蒂安·霍穆特（Sebastian Homuth）承担了校对稿件的任务，对此我们非常感谢。达姆施塔特大学的助理安德烈亚斯·霍夫海因茨（Andreas Hofheinz），在为研究小组整理文本、排版、整合插图和公式等方面做了大量可靠的工作。

我们还要感谢 DGGV 和 DGGT 的董事会和管理人员及其专家

组的成员对地热能研究小组工作的积极支持。感谢弗赖堡大学的英格丽德·施托贝尔（Ingrid Stober）教授和波鸿的罗尔夫·布拉克（Rolf Bracke）教授开展的高质量、耗时长的同行评审工作。

前 言

在德国地质学会（DGGV）和德国岩土工程学会（DGGT）的专业水文地质学（FH-DGGV）和工程地质学（FI-DGGV/DGGT）分部的支持下组织成立了地热能研究小组。在小组成员共同努力下完成了本书的编写，本书的建议代表了地热能研究小组正在进行的工作成果。研究小组的成员是来自地热能相关领域的专家，他们分别来自企业、政府、咨询公司、理工学院和大学。

组织本书的出版是本研究小组的主要任务之一。建议最初仅限于浅层地热能，但其同时也考虑深层地热能。此外，这些建议旨在为加强钻探施工人员的基础知识和进一步组织培训活动奠定技术基础，这些建议基于德国标准 DIN EN ISO 22475-1，用于指导地热目的钻孔以及安装封闭式传热系统（井下换热器）（DGGT/DGGV，2010）。

本研究小组定期举行工作会议，每年大约 4～6 次。研究小组的主要任务之一是向德国地质学会/德国岩土工程学会和德国地质学会的专家组成员以及与地热能问题有关的其他人员发表咨询意见和建议。这些建议特别考虑了不同地热能系统的地下部分。虽然重点是最常见的应用类型：井下换热器和井系统，但地热利用的最重要方面也有所涉及。市场上有许多特殊的技术或方法的组合。这些建议中还没有对它们进行详细的讨论，并不意味着它们是无效的或者不太合适的系统，只是决定将这些建议限制在最常用的系统中，以免超出本书的范围。

建议的一个特定目标是对浅层地热能装置进行质量保证的设计、建造、运行和监测。这些建议的目的是在确保地下水安全的条件下，进一步推广以地热能为基础的加热和冷却系统。讨论问题的中心是避免地热能装置受到损害以及这种系统的建造和运行造成的危害。本书还包括一个关于处理潜在风险的章节。

　　浅层地热能的利用是减少社会一次性能源消耗的重要、环保且安全的途径。中欧工业化国家总能源消耗中有 $50\%\sim60\%$ 可归因于建筑物的使用。由于几乎没有位置限制，没有直接排放，并且能够满足基本负荷和经济运行，这就是地热能源可以发挥作用的优势。

目　录

第1章 简 介

在德国，约 60% 的能量消耗来自建筑运营的加热和冷却活动。利用浅层地热能源系统有巨大的潜力提供这一能量需要的大部分。例如，2000 年左右，随着能量价格的增长，导致用于加热建筑（同样用来冷却建筑）浅层地热能的快速开发。这一技术快速兴起的原因在于：高达 70%～80% 的加热需求可用地热能满足，这意味着只有剩余的部分需要传统形式的能量来提供。这样会带来巨大的经济效益。除了这一点，地热系统还能够节约能量，特别是减少了化石燃料的消耗。加热的热泵和制冷的循环泵也可以从可再生能源产生的电力进行运营。2013 年，在德国新建建筑领域，可再生能源的比例已经达到 29%（热泵 22%，木屑、秸秆和生物燃气 7%），同时，用燃油加热的系统比例减少到 1% 以下，天然气加热系统减少到 47% 以下（BDEW，德国能源和水工业协会，2008）。截至 2008 年，约有 64% 的新能源热泵安装是与地热能一起应用的。仅约 13% 的地热能运营的热泵与直接利用地热能的井系统相连接。大多数运营的热泵通过地埋管换热器（BHEs）、地下换热器等间接提取地热能的方法运行（BWP，德国热泵协会，2009）。

在一定程度上，VDI 4640 指导准则说明了目前的技术现状，自从 2010 年就有了第一部分的修改草稿。DVGW W 120-2 规定是基于 VDI 4640 指导准则而制定的。（DVGW，2013），这一规定将来会用于管理与钻孔换热器条款相关的质量控制问题。然而，到目前为止，仍然缺少使工业界人士熟悉技术文件的训练项目。因此，当涉及浅层地热能问题时，那些为客户和设计系统提供咨询和建议的地质科学家和工程师承担了相当大部分的责任。

地下提供的能量主要通过地埋管换热器，也叫作井下换热器（DHE），它们可以深达 400m。然而，尽管趋势是采用更深的钻孔，大多数地埋管换热器的深度为 70～200m。一些钻孔利用封闭

1

的管道系统，通常采用高密度聚乙烯（HDPE）制作，传热流体（通常是水）在管道内循环流动，通过连接到热泵提供运营的温度。需要下沉的成千上万的钻孔，必须要对它们设计和施工的质量进行评估以获得最优的技术和经济效益，当然一方面是为了避免损害；另一方面是为了避免对地下水源造成潜在风险。

地热能的利用在不停地增加。根据德国环境部（BMUB，www. erneuerbare-energien. de，2013）统计，地热能在所有能量消耗中的占比从 2009 年的 4.9％上升到 2012 年的 7.1％。

德国地埋管换热器（BHEs）的具体数量在变化，有时变化很大，这依赖于咨询的来源。根据 BMUB（2013），在德国已经有约 350000 个加热（和冷却）系统用热泵从地下提取能量。平均来说，一个系统有 2.5 个地埋管换热器。这意味着在德国有约 875000 个地埋管换热器在未来需要进行检查，例如在出售前进行资产评估或者出于其他原因。然而，与 BMUB 报告相反，在 2009 年，德国可再生能源局（AEE）公布了一个保守的数字，截至 2008 年约有 150000 个地埋管换热器系统。如果我们假定每个系统有 2.5 个地埋管换热器，我们仍然能够得出在德国地埋管换热器总数量约为 375000 个。

上述数据来源都没有包含未经批准的 BHE 系统，因此我们可以很粗略地认为，在德国有 50 万个地埋管换热器已经在运行，包括深达几百米的钻孔。尽管最近几年，已经报道了一定数量的损坏。安装的数量仍然在显著地增加（图 1.0.1）。到 2015 年数量可能已经加倍。现在，与地埋管换热器有关的损害频率整体来说是比较低的，然而仍无法获得更多准确的数据，也没有对损坏进行长期调查。

在这一背景下，德国州立地质勘查组织审查了与地热项目已知影响相关的质量问题，并且在报告中整理评价了这些问题（Geothermie，2011）。对技术安全性的关注是可以理解的。然而，迄今为止地热能的利用还没有导致任何人员的伤害。不是所有的能源利用都能够做到这一点。

地埋管换热器的运行和下沉造成的损害是由于对地下土层情况

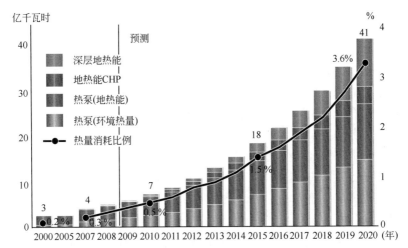

图 1.0.1　2009 年 10 月到 2020 年德国地热能源产量预测
（German Renewable Energies Agency，2009）（彩图见文末）

的了解不充分，尤其是不合理的钻井方法。下面是一些常见典型的损害形式：

（1）多层地下水系统中含水层（定义见"术语表"）之间的泄漏；

（2）影响周围基本结构设施的下陷或隆起；

（3）从高地层到低地层传输污染物；

（4）地下水中显著矿化的突然增加。

地埋管换热器的大多数钻孔下沉到至少与多层地下水系统中的最上层含水层的深度相同。这个深度的钻孔在技术上是对地下很有挑战性的改造，原理上，可能会削弱或避开隔水层的影响。

如果地埋管换热器的管道充满了传热流体，并不仅限于水，流体归类为有害水体类型 1（德国《水资源法》WGK1 术语）。因此，当储藏在地下时要求双墙的构造，地埋管换热器是物质的容器。这一双墙的要求，一方面由封闭的管道系统提供，另一方面，钻孔的回填（在大多数情况下是水泥基的膨润土泥浆）形成一个封闭层。对于公共建筑和商业地热能系统时，法规给出的含有对水体有害物质系统的技术准则（*Verordnung über Anlagen zum Umgang mit wassergefährdenden Stoffen-AwSV*, cl. 35, para. 2, 2014) 允许采用单墙的地埋管换热器。

另外，钻井和施工活动本身构成了对地下水的潜在危害。因此，在德国，地埋管换热器小于 100m 深时，必须由当地的水务局批准。而德国矿务局负责管理批准和监管地埋管换热器大于 100m 深的钻孔，但实际上质量保证的问题仍然存在。在德国的许多联邦州，税务局和矿务局对于处理地下热能有不同的观点。这样会导致一种情形，例如一个项目必须遵守比附近的一个同样最终深度（例如 30m 深）的项目更加严格的技术规定，即使都落在水立法的规定范围内（小于 100m 深）。在全德国范围内执行本书所建议的质量保证的技术条款几乎是不可能的。这些建议的工作表明迫切需要设立一个全德国范围内合理统一的监管系统。因此，德国地质协会（DGGV）的工程地质部门和德国岩土工程协会，加上 DGGV 的水利部门的专家们聚在一起，集合他们的实践知识指导工程应用。本书就是这一工作的结果，代表了现在的技术知识现状，目的也是帮助避免与浅层地热能利用相关的一些危害。

第2章 原 理

提取地下可利用能源的潜力很大程度上取决于当地的条件。区分地下的两种热源是非常重要的，分别是：储存在地下的太阳能和来自地球内部的热量。因此，我们根据主要热源区分两个地下区域：太阳能区和陆地区。此外，就与热量提取潜力相关的工序和有关的变量而言，这两个区域也存在差别。

除少数例外情况（参见第4章），原则上讲地下适合于地热能应用。然而，岩石性质及其所处的自然环境和水文地质关系以及应用这一过程本身都会对整个系统的效率产生影响。

2.1 地质、水文地质和岩土工程原理

一般的，岩层分为含水层、隔水层和弱含水层。根据含水层性质，可以进一步细分为孔隙水、裂隙水和岩溶水。孔隙水可以由固结或松散的岩石组成（德国标准 DIN 4049）。

含水层和隔水层的相互交错分布可以导致水力、化学性质以及热力等相互隔离的多层地下水系统的形成。由于水资源管理和岩土水利的原因，应该避免通过钻孔使这些不同的水体连接到一起。

当考虑地下的地热开发时，区分岩石地层的大尺度特性和在一个相应地层中岩石的小尺度特性是非常重要的。换句话说，有必要区分节理（或不连续带）的渗透性、岩石本身的渗透性和岩层的渗透性。

节理和断层的渗透性往往要比岩层和岩石本身的渗透性大得多。

如果渗透性在不同方向上各不相同，那么我们称之为渗透各向异性。如果含水层的各向异性十分明显，可验证在一个方向上出水量良好（例如主要的节理方向），而在其他方向上只有少量含水量特征存在，甚至是不透水层，则不存在孔隙含水层。

岩层的渗透系数 k_{f} 是表示由地质运动和人类活动过程所产生

的非均匀观测区域内所有水力特征的总和。它由节理、断层和其他界面系统的渗透性（简称节理渗透性），该区域各种岩石的渗透性（岩石渗透性），结构及其附属部分的渗透性以及建筑施工过程本身引起的渗透性组成。在某些情况下，岩层的渗透性可以现场测定，却不能在实验室中测定。通常给出一定范围的值而非一个固定值。

例如，下面的描述与松散岩石中的孔隙含水层的基本性质有关。

松散岩石由黏土、粉土、砂、砾石、风化碎石、石块及其混合物组成。含水层主要由砂和砾石组成，混有不同比例的黏土和粉土。不同的粒径范围内形成的孔隙网络（可能充满水）取决于它的密实度，不饱和带位于该层之上。这些孔隙可以输送地下水。如果孔隙中普遍存在层流，就可以使用达西定律来描述这些流体。流动的地下水主要通过对流的方式输送热能。

对流需要土壤中的气体或地下水作为流动介质。因此，对流仅限于地壳中那些能够传输流体的区域。我们将强制对流（通过水泵产生水力梯度）与自然（或自由）对流（由温度或浓度不同引起的密度驱动水头）区分开。流体的达西流速 v_D（$m \cdot s^{-1}$）控制着热量变化 ΔQ（J）。对流传热几乎在所有的浅层地热能应用中都扮演着一个重要的角色。在安装用于提取地热能的钻井系统中，直接采用对流换热，因此没有热量损失。

地面最上层由固态矿物、水和气体（主要是土壤中的空气和水蒸气）以不同的岩相比例组成。各个混合成分的比例及其加权百分比决定了地面的热性能。

除去如水、水蒸气、土壤中的空气等运动相外，土壤的固相对地热开发具有重要意义。

土壤的含水量对其热力性质有着至关重要的影响。土壤的饱和程度越高，它的原位热导率和蓄热能力就越高。

土壤含水量主要取决于气候条件、植被、地下水位与地表的垂直距离、土壤的粒径分布和有效孔隙比。

导致地表径流的降雨不会在 $1 \sim 2m$ 的深度内显著改变含水量。只有在持续且分布均匀的降雨期间，上层土体的含水量才会增加到对地热能装置造成明显影响的程度（水平集热器是这种情况）。

含水量也受到含水层中毛细水上升作用的影响。表面张力（基质势能）越高，饱和度越大。粒径主要控制着基质势能的大小。高比例的黏土和粉土导致较高的毛细上升作用。例如，细粒粉土可以呈现出大于 20m 的毛细水上升。

植被影响降水的储存，因此也会影响地下水的补给。例如，植物生长期吸收的水分比在秋冬时节多。植物的生长及其从土壤中吸取的水分，在秋冬时节都会有所减少，因此地下水的补给量会增加。秋冬季节蒸发量的减少进一步增强了这一效果。相应的，上层水供应的变化影响了一年中的地热性质。

土壤的有效孔隙比可达 35%。如果孔隙中充满水，实际的热导率和比热容都会增加。因此，随着含水量增加，从土体中提取的热能也会增加。

上述事实表明，非饱和土的热导率与饱和土不同。因此，烘干后的土壤和岩石的导热性能也应该单独进行评估。

地质和水文地质学的基础知识可以参考相关文献（Domenic and Schwartz，1997；Hölting and Coldewey，2009）。水力学实验也可查找相关文献（Kruseman and de Ridder，1990；Langguth and Voigt，2004）。

烘干后土壤和岩石的热导率由其固相的热传递性能决定。由于实际的地热应用中空气的比热容较低，所以通过土壤中气体进行的对流在热传递中的比重可以忽略不计。因此，干燥岩石的热导率取决于成岩矿物的热力学性质、粒径分布及其密实度。对于沉积岩体，它还取决于将颗粒黏结在一起的胶结物的相关性质。

石英是热导率最高的成岩矿物（天然不纯石英高达 $7.7\text{W} \cdot \text{m}^{-1} \cdot \text{K}^{-1}$，取决于晶向）。土壤中较高的热导率往往与石英的含量高有关。由于不知道确切的各种矿物的比例（主要为石英或硅酸盐），也不知道它们各自的粒径分布，因此确定松散岩石的热导率是比较复杂的。

冻结和非冻结土壤的实际热导率可以根据德国的 15 个气候区（DIN 4710）的参考值进行估算（表 2.1.1～表 2.1.4）。

表 2.1.1

非冻土比热容 C_a (W·s·K⁻¹)

序号	参考位置	砂土	壤质砂土	砂质壤土	壤土	粉土	粉质壤土	砂质黏土	黏质壤土	粉黏质壤土	砂质黏土	粉质黏土	黏土
1	不来梅	807	842	906	1235	1352	1316	1013	1328	1391	1327	1320	1341
2	罗斯托克-瓦尔内明德	798	831	890	1212	1327	1292	996	1311	1381	1316	1320	1338
3	汉堡	806	841	904	1232	1349	1313	1011	1326	1390	1326	1320	1340
4	波茨坦	793	825	881	1199	1311	1278	986	1301	1311	1320	1335	1311
5	埃森市	807	843	908	1236	1354	1318	1014	1329	1391	1328	1320	1341
6	巴特迈恩贝格	815	852	920	1254	1372	1336	1028	1341	1397	1334	1320	1342
7	卡塞尔	800	833	893	1217	1332	1297	1000	1315	1383	1320	1320	1338
8	布劳恩拉格	817	854	924	1258	1376	1340	1030	1343	1398	1335	1320	1342
9	开姆尼茨	797	829	888	1209	1323	1288	994	1309	1379	1316	1320	1337
10	霍夫	801	835	896	1220	1336	1301	1002	1317	1385	1322	1320	1339
11	费希特尔贝格	809	845	911	1241	1359	1323	1018	1333	1393	1330	1320	1341
12	曼海姆	797	829	888	1209	1323	1289	994	1309	1379	1316	1320	1337
13	帕绍	804	839	902	1229	1346	1310	1009	1324	1389	1325	1320	1340
14	施特滕	808	843	908	1238	1356	1319	1015	1330	1392	1329	1320	1341
15	加尔米施-帕滕基兴	809	845	910	1240	1358	1321	1017	1331	1393	1323	1320	1341

来源：摘录自 DIN 4710。

表 2.1.2

非冻土热导率 λ （W·m⁻¹·K⁻¹）

序号	参考位置	砂土	壤质砂土	砂质壤土	壤土	粉土	粉质壤土	砂质黏土	黏质壤土	粉黏质壤土	砂质黏土	粉质黏土	黏土
1	不来梅	1.23	1.41	1.53	1.54	1.49	1.50	1.70	1.63	1.55	1.76	1.75	1.63
2	罗斯托克-瓦尔内明德	1.19	1.38	1.49	1.52	1.48	1.48	1.68	1.62	1.55	1.75	1.75	1.63
3	汉堡	1.23	1.41	1.52	1.54	1.49	1.50	1.70	1.63	1.55	1.76	1.75	1.63
4	波茨坦	1.17	1.36	1.47	1.50	1.47	1.47	1.47	1.67	1.54	1.75	1.75	1.63
5	埃森	1.23	1.42	1.53	1.54	1.50	1.750	1.63	1.55	1.76	1.75	1.63	1.63
6	巴特迈恩贝格	1.26	1.45	1.56	1.56	1.51	1.51	1.72	1.64	1.55	1.77	1.75	1.63
7	卡塞尔	1.20	1.38	1.50	1.52	1.48	1.49	1.68	1.62	1.55	1.76	1.75	1.63
8	布劳恩拉格	1.27	1.45	1.56	1.57	1.51	1.52	1.72	1.64	1.54	1.77	1.75	1.63
9	开姆尼茨	1.18	1.37	1.49	1.51	1.47	1.48	1.68	1.62	1.55	1.75	1.75	1.63
10	霍夫	1.21	1.39	1.51	1.53	1.48	1.49	1.69	1.62	1.55	1.76	1.75	1.63
11	费希特尔贝格	1.24	1.42	1.54	1.55	1.50	1.51	1.70	1.63	1.55	1.76	1.75	1.63
12	曼海姆	1.18	1.37	1.49	1.51	1.47	1.48	1.68	1.62	1.54	1.75	1.75	1.63
13	帕绍	1.22	1.41	1.52	1.54	1.49	1.50	1.69	1.63	1.55	1.76	1.75	1.63
14	施特滕	1.24	1.42	1.53	1.55	1.50	1.50	1.70	1.63	1.55	1.76	1.75	1.63
15	加尔米施-帕滕基兴	1.24	1.42	1.53	1.55	1.50	1.50	1.70	1.63	1.55	1.76	1.75	1.63

来源：摘录自 DIN 4710。

表 2.1.3

冻土的比热容 C_a （W·s·K^{-1}）

序号	参考位置	砂土	壤质砂土	砂质壤土	壤土	粉土	粉质壤土	砂质黏土	黏质壤土	粉黏质壤土	砂质黏土	粉质黏土	黏土
1	不来梅	752	769	800	1063	1121	1103	853	1109	1140	1109	1105	1115
2	罗斯托克-瓦尔内明德	748	764	793	1053	1108	1091	845	1101	1135	1104	1105	1114
3	汉堡	752	769	799	1062	1119	1101	852	1108	1139	1108	1105	1115
4	波茨坦	746	761	788	1046	1100	1084	840	1096	1131	1100	1105	1112
5	埃森	752	770	801	1064	1122	1104	853	1109	1140	1109	1105	1115
6	巴特迈恩贝格	756	774	808	1073	1131	1113	860	1115	1142	1112	1105	1116
7	卡塞尔	749	765	794	1055	1111	1094	846	1103	1136	1105	1105	1114
8	布劳恩拉格	757	775	809	1075	1132	1115	861	1116	1143	1112	1105	1116
9	开姆尼茨	747	763	792	1051	1106	1090	843	1099	1134	1103	1105	1113
10	霍夫	750	766	796	1056	1113	1096	847	1104	1137	1106	1105	1114
11	费希特尔贝格	753	771	803	1067	1124	1106	855	1111	1141	1110	1105	1115
12	曼海姆	747	763	792	1051	1106	1090	843	1100	1134	1103	1105	1113
13	帕绍	751	768	799	1061	1118	1100	851	1107	1139	1108	1105	1115
14	施特滕	753	770	802	1065	1122	1105	854	1110	1140	1109	1105	1115
15	加尔米施-帕滕基兴	753	771	802	1066	1123	1105	855	1111	1140	1110	1105	1115

来源：摘录自 DIN 4710。

表 2.1.4

表 2.4 冻土热导率 λ (W·m⁻¹·K⁻¹)

序号	参考位置	砂土	壤质砂土	砂质壤土	壤土	粉土	粉质壤土	砂质黏土	黏质壤土	粉黏质壤土	砂质黏土	粉质黏土	黏土
1	不来梅	1.43	1.73	2.07	2.42	2.61	2.54	2.58	2.71	2.72	2.88	2.81	2.69
2	罗斯托克-瓦尔内明德	1.35	1.66	1.98	2.33	2.53	2.46	2.51	2.66	2.69	2.85	2.81	2.68
3	汉堡	1.42	1.73	2.06	2.40	2.60	2.53	2.57	2.71	2.71	2.67	2.81	2.69
4	波茨坦	1.31	1.61	1.93	2.28	2.48	2.41	2.47	2.63	2.67	2.82	2.81	2.67
5	埃森	1.43	1.75	2.08	2.42	2.61	2.54	2.59	2.72	2.72	2.88	2.81	2.69
6	巴特迈恩贝格	1.49	1.81	2.16	2.49	2.66	2.60	2.64	2.75	2.73	2.90	2.81	2.69
7	卡塞尔	1.37	1.67	2.00	2.35	2.55	2.48	2.53	2.67	2.70	2.85	2.81	2.68
8	布劳恩拉格	1.51	1.82	2.17	2.50	2.67	2.61	2.65	2.76	2.73	2.90	2.81	2.69
9	开姆尼茨	1.34	1.64	1.97	2.32	2.52	2.45	2.50	2.65	2.69	2.84	2.81	2.68
10	霍夫	1.38	1.68	2.02	2.36	2.56	2.49	2.54	2.68	2.70	2.86	2.81	2.68
11	费希特尔贝格	1.44	1.76	2.10	2.44	2.63	2.56	2.60	2.73	2.72	2.88	2.81	2.69
12	曼海姆	1.34	1.64	1.97	2.32	2.52	2.45	2.50	2.65	2.69	2.84	2.81	2.68
13	帕绍	1.40	1.72	2.05	2.39	2.59	2.52	2.57	2.70	2.71	2.87	2.81	2.69
14	施特滕	1.43	1.75	2.09	2.43	2.62	2.55	2.59	2.72	2.72	2.88	2.81	2.69
15	加尔米施-帕滕基兴	1.44	1.76	2.10	2.44	2.62	2.55	2.60	2.72	2.72	2.88	2.81	2.69

来源：摘录自 DIN 4710。

2.2　地热原理

地热能源主要有两种不同的来源：太阳辐射和地面热流（Kaltschmitt *et al.*，1999）。根据地热设施安装的深度不同，这两种资源的开发程度也不同。

太阳辐射加热地表和大气。渗流水的运动将这种能量输送到地面。这个热源基本上控制着太阳能区的热量平衡。

陆地带大约 30% ～50% 的能量来源于行星自身形成的过程（由于重力和撞击而增加的压力伴随着热量释放）。另外的 50% ～70% 地球热能则主要由自然存在的长寿命同位素：^{223}Th，^{238}U，^{40}K 和 ^{235}U 的放射性衰变产生（Buntebarth，1980）。放射性衰变和重力能共同解释了地球大陆平均热流通量大约为 $0.07\mathrm{W \cdot m^{-2}}$。这种热能从地壳和地壳下的区域输送到地表附近的浅层。其背后的主要机制是传导和对流。这两个变量对地热能装置的工作方式有着决定性的影响。地球深处由声子辐射控制的能量传输只有在高于 700℃ 的温度下才有效，所以这里可以忽略不计。

温度随着深度的增加而升高。温度的上升用地热梯度描述，在欧洲，平均深度每增加 100m 温度上升 3K。温度梯度 θ（K · $\mathrm{m^{-1}}$）、热导率 λ（$\mathrm{W \cdot m^{-1} \cdot K^{-1}}$）和热通量 q_{sp}（$\mathrm{W \cdot m^{-2}}$）之间有一个简单的关系式，见式（2.2.1）。

热传导取决于温差的大小、通过岩体的传热路径长度和岩石的特性参数。

热传导可以是稳定的，也可以是不稳定的。在传导稳定的情况下，热导率 λ 是量化传热过程中唯一决定性的岩石特性参数。基本原理是傅里叶定律，对均匀固体，其一阶导数的微分通式为：

$$q_{\mathrm{sp}} = -\lambda \cdot (\frac{\partial T}{\partial x} + \frac{\partial T}{\partial y} + \frac{\partial T}{\partial z}) \qquad (2.2.1)$$

式中　q_{sp}——比热流量（$\mathrm{W \cdot m^{-2}}$）；

　　　λ——热导率（$\mathrm{W \cdot m^{-1} \cdot K^{-1}}$）；

　　　T——绝对温度（K）；

x，y，z——空间坐标（m）。

热传导是传热机制的一种，描述了热量通过固体进行传递。热量从高能量的分子转移到低能量的分子。传导过程可以理解为电子的运动过程。与对流的不同在于没有质量的传递。热传导发生在地球所有的固体层中。热导率可由式（2.2.2）计算。

成岩矿物的热导率值因其晶向不同而有很大的差异，意味着岩石的结构和质地都会对其有影响。实际上这意味着，例如，花岗岩和片麻岩即使组成它们的矿物成分相同，由于不同的微观特性而具有不同的热导率。

在这种情况下，根据傅里叶定律，从阻力的意义上，热导率对特定的土壤及岩石是一个常数。与理想的导热体相比，它描述了仅通过岩石的组构特性的热传导阻力。因此，地热能装置应该尽可能地从热传导阻力低的地方摄取能量，即热导率高的地方。

包括岩石，热导率和蓄热能力基本上是由地表含水量决定的。在固结岩石中，界面结构（接缝、断层等）、孔隙（如岩溶现象）和多孔基质（如砂岩）可能具有潜在的含水量，而在松散岩石中，则为有效孔隙。

$$q_{sp} = \lambda \cdot \frac{T - (T + \Delta T)}{l} = -\lambda \frac{\Delta T}{l} \tag{2.2.2}$$

因此，傅里叶定律可以用一维形式表达：

$$q_{sp} = -\lambda \frac{\partial T}{\partial z} \tag{2.2.3}$$

与水文地质学类似，连续性原理也可以应用于地热能。因此，热流量 $\dot{Q}$（W）是热通量 q_{sp}（W·m^{-2}）与横截面积 A（m^2）的乘积，通过该面积 A（m^2）可以进行正交能量运输，见式（2.2.4）。

$$\dot{Q} = q_{sp} \cdot A \tag{2.2.4}$$

通过一维傅里叶定律，即式（2.2.3），可以得到：

$$q_{sp} \cdot \partial x = -\lambda \cdot \partial t \tag{2.2.5}$$

积分后，式（2.2.5）变为：

$$\int q_{sp} \cdot \partial x = \int -\lambda \cdot \partial t \tag{2.2.6}$$

如果把热导率看作一个常数，那么结果可以得到一个稳定的热流，其原理如图 2.2.1 所示。因此，能量从高温区域（T_1）传输（沿着 x 轴方向）到低温区域（T_2）［式（2.2.7）］：

图 2.2.1 岩体导热原理
（l 为试样长度，T 为绝对温度）

$$q_{sp}(x_2 - x_1) = -\lambda(T_2 - T_1) \qquad (2.2.7)$$

利用 x 轴上的传热距离 l 和输出热量 $\dot{Q}$，用实验室样品计算热导率的基本方程由式（2.2.8）给出：

$$\lambda = \frac{\dot{Q} \cdot l}{A \cdot (T_1 \cdot T_2)} \qquad (2.2.8)$$

各种岩石的典型热导率　　　　　　　　　　表 2.2.1

岩石种类		$\lambda(\mathrm{W} \cdot \mathrm{m}^{-1} \cdot \mathrm{K}^{-1})$		
		N	$\overline{X}$	σ
德国中部结晶带	角闪石	24	1.88	0.21
	辉长岩	218	2.10	0.19
	煌斑岩	16	2.15	0.16
	闪长岩	152	2.23	0.18
	云英闪长岩	130	2.36	0.17
	花岗闪长岩	280	2.51	0.33
	花岗岩	185	2.58	0.38
	片麻岩	113	2.59	0.25
	碎裂岩	33	3.03	0.29
	石英千枚岩	17	3.44	0.79
雷诺区	石灰岩	127	2.66	0.18
	变质泥质岩	510	2.14	0.60
	灰砂岩	382	2.79	0.38
	砾岩	24	2.76	0.28
	石英砂岩	85	3.41	0.41
	放射性碳酸盐岩	45	5.02	0.38
	石英岩	185	5.36	0.60

岩石种类		$\lambda(\mathrm{W \cdot m^{-1} \cdot K^{-1}})$		
		N	$\overline{X}$	σ
北岩区	偏玄武岩	440	1.85	0.27
	安山岩	22	2.18	0.31
	变质岩	25	3.22	0.14
罗德里根（石炭-二叠纪）	变晶岩	177	2.25	0.66
	千枚岩	205	2.70	0.52
	安山岩	229	1.70	0.18
	流纹岩	9	2.49	0.15
	泥质岩	72	1.82	0.51
	长石砂岩	346	2.54	0.35
斑砂岩统	砾岩	130	2.39	0.27
	砂岩	180	2.45	0.52
	石英砂岩	85	3.71	0.38
	石英矿	46	3.50	0.27
	泥质岩	76	2.00	0.61
	细砂岩	602	2.53	0.49
	中砂岩	536	2.57	0.44
	粗砂岩	306	2.76	0.47

来源：Huenges，2004；Sass *et al.*，2011。

　　根据孔隙的结构和形式，孔隙的物理性质可能对岩石的有效热导率产生削弱或增强的影响（表 2.2.1）。填充孔隙的热导率（$\lambda = 0.58\mathrm{W \cdot m^{-1} \cdot K^{-1}}$ 表示含少量矿物质的水）和固体岩石（假设石英的热导率 $\lambda = 6\mathrm{W \cdot m^{-1} \cdot K^{-1}}$）在饱和情况下差异不太大。但是，如果孔隙中充满空气（$\lambda = 0.026\mathrm{W \cdot m^{-1} \cdot K^{-1}}$），这种介质的隔热效果非常明显。文献（Farouki，1982）记载了一系列不同的数值近似方法，通过这些方法可以估算出在饱和情况下，孔隙结构在多大程度上影响了岩石的有效热导率。在松散岩石类型（干砂/砾石混合料）中，密实度较低时，由于孔隙的封闭效应在这里占主导地位（模型 1），孔隙的影响当然最大。在有封闭孔隙的岩石中，形成热桥，因此孔隙填充的影响减小（模型 2）。对已知的总孔隙率 n_{tot} 的岩石的有效热导率 λ_{eff} 可根据固体的热导率 λ_{sbo} 和孔隙填充率 n_F 进行估算，如下所示：

模型 1：

$$\lambda_{eff} = \lambda_{sbo} \left\{ 1 - \frac{n_{tot}[1 + 2 \cdot (\lambda_{sob}/\lambda_{vo})][1 - (\lambda_{sbo}/\lambda_{vo})]}{n_{tot}[1 - (\lambda_{sbo}/\lambda_{vo})] + 3 \cdot (\lambda_{sbo}/\lambda_{vo})} \right\}$$

$$(2.2.9)$$

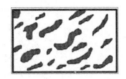

模型 2：

$$\lambda_{eff} = \lambda_{sbo} \left\{ 1 - \frac{3 \cdot n_{tot}[1 - (\lambda_{sbo}/\lambda_{vo})]}{2 + n_{tot} + (\lambda_{sbo}/\lambda_{vo})} \right\} \qquad (2.2.10)$$

模型 3：

$$\lambda_{eff} = (1 - n_{fl}) \cdot \lambda_{sbo} + n_{fl} \cdot \lambda_{vo} \qquad (2.2.11)$$

经过对比，模型 3 代表了固体和孔隙热导率的简单算术加权，对应于理论最大值。图 2.2.2～图 2.2.4 给出了使用模型 1～模型 3 计算的石英加上水、空气和冰的等效热导率值。在图中，对于完全由空气填充的孔隙（烘干试样，图 2.2.3），松散岩石的有效热导率由于孔隙增加而下降尤为明显，这一事实由文献（Landolt and Börnstein；VDI 4640，Part 1）提供的数值证实。

由于冰（$\lambda = 2.33\text{W} \cdot \text{m}^{-1} \cdot \text{K}^{-1}$）的热导率大约是水（$\lambda = 0.56\text{W} \cdot \text{m}^{-1} \cdot \text{K}^{-1}$）的 4 倍左右，饱和冻结的土壤或岩石中孔隙度的影响减小。

当松散岩石中的孔隙含有气体和空气时，有效热导率的数值估算变得更加复杂。根据威纳（Wiener，1912），有效热导率可以在两个极端值之间变化。当各相 i 的热阻串联时，该值为最小值；当它们并联时，该值为最大值，如式（2.2.12）所示：

$$\lambda_{\text{eff}} = \lambda_{\min} = \left[\frac{\sum \varphi_i}{\lambda_i} \right]^{-1} \qquad (2.2.12)$$

串联排列-维纳下界限

$$\lambda_{\text{eff}} = \lambda_{\max} = \sum \varphi_i \cdot \lambda_i \qquad (2.2.13)$$

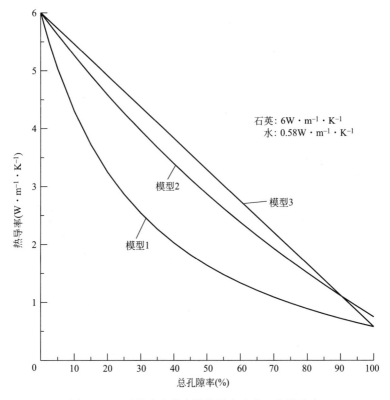

图 2.2.2 石英和水的有效热导率取决于总孔隙率

平行排列-维纳上界限，其中 φ_i 是相 i 的相应比例，而 λ_i 是相关的热导率。各向同性多相复合材料的 Hashin-Shtrikman 界限稍宽见式（2.2.13）和图 2.2.5。

佟等（Tong、Jing and Zimmerman，2009）提出了一种表示两个

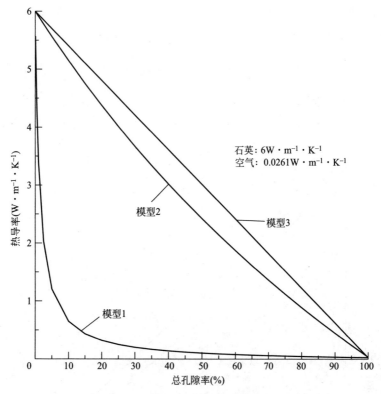

图 2.2.3　石英和空气的有效热导率取决于总孔隙率

维纳边界条件组合的方法，其中串联和并联所占比例是可变的。

约翰森（Johansen，1975）提出了一种总孔隙饱和度大于 20％的细粒（黏性）土和含黏性成分土的经验近似方法，如式（2.2.14）所示：

$$\lambda_{eff} = (\lambda_{sat} - \lambda_{dr})(1 + \log_{10} S_w) + \lambda_{dr} \qquad (2.2.14)$$

式中　λ_{sat}——饱和土的热导率（$W \cdot m^{-1} \cdot K^{-1}$）；

　　　λ_{dr}——烘干土的热导率（$W \cdot m^{-1} \cdot K^{-1}$）；

　　　S_w——含水饱和度（1）。

对流换热是由固体地壳中的流体运动引起的，这基本上指的是水或盐水。水的热力学性质决定了局部地热热力平衡，只要一级岩石性质（孔隙率）和二级岩石性质（节理、构造、岩溶作用等）确

18

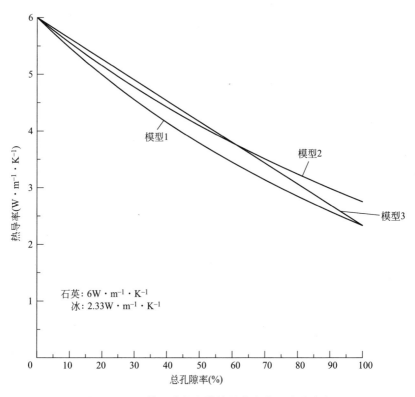

图 2.2.4　石英和冰的有效热导率取决于总孔隙率

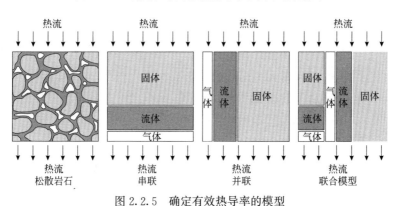

图 2.2.5　确定有效热导率的模型

（据 Tong，Jing and Zimmerman，2009 重绘）

保了足够的水力传导率以输送水和能量。由于水力传导率取决于水的物理化学性质，而这些性质又在地热方面有很大的差异，因此在地热能源应用中，最好使用渗透率 K（m^2），这是一种不依赖流体的恒定的岩石性质。

除了渗透性，水的达西流速 v_D（$m \cdot s^{-1}$）对体积热通量 q_V（$W \cdot m^{-3}$）的大小至关重要。如果水的密度和比热容被认为是常数，则只有温度梯度对系统有控制性的影响。

$$q_V = \rho_w \cdot c_w \cdot \left(\frac{\partial(v_D \cdot T)}{\partial x} + \frac{\partial(v_{fl,y} \cdot T)}{\partial y} + \frac{\partial(v_D \cdot T)}{\partial z} \right)$$

$$(2.2.15)$$

或

$$q_V = \rho_w \cdot c_w \cdot \mathrm{div}(v_D \cdot T) \qquad (2.2.16)$$

当涉及实际问题时，确定地面的特性是否适合对流条件往往是至关重要的。数值方法复杂且耗时。因此，例如为实现自动转换（或自然对流）所需的岩层渗透性，可以使用瑞利-达西数 Ra_D 描述的概念来分析。自动对流可以理解为由温度差引起的密度梯度相关的质量流量。

$$Ra_D = \frac{g \cdot K \cdot l_{bf}}{\nu_{fl} \cdot \alpha} \cdot \gamma_{th} \cdot (T_K - T_{cu}) \qquad (2.2.17)$$

式中 g——局部重力加速度（$m \cdot s^{-2}$）；

$\quad$ K——特定渗透率（m^2）；

$\quad$ l_{bf}——流体的特征长度（m）；

$\quad$ α——热扩散率（$m^2 \cdot s^{-1}$）；

$\quad$ γ_{th}——体积热膨胀系数（$1 \cdot K^{-1}$）；

$\quad$ ν_{fl}——流体的运动黏度（$m^2 \cdot s^{-1}$）；

$\quad$ T_K——流体的温度（K）；

$\quad$ T_{cu}——不受对流影响区域的温度（K）。

为了简单起见，热扩散率 α（$m^2 \cdot s^{-1}$）可根据热导率 λ，密度 ρ 和比热容 c_{sp}（$W \cdot s \cdot kg^{-1} \cdot K^{-1}$）计算：

$$\alpha = \frac{\lambda}{\rho \cdot c_{sp}} \qquad (2.2.18)$$

体积热膨胀系数 γ_{th}（K^{-1}）规定了每开氏温度变化时流体体积的相对变化或固体长度的相对变化。对于均质流体，γ_{th} 由线性热膨胀系数 γ_{lin} 计算：

$$\gamma_{th} = 3\gamma_{lin} \tag{2.2.19}$$

晶体结构对 γ_{lin} 值有很大的影响。例如，晶体构型 c 方向的值与其他方向的值有显著差异。对于地热能的大多数问题，可以假设参数为（1～3）$\times 10^{-5} K^{-1}$。例如，石英的值 $\gamma_{lin} = 3.6 \times 10^{-5} K^{-1}$。当涉及矿物反应时（例如，黏土在 $400 \sim 550℃$ 下脱水），膨胀行为可能会发生重大变化。

自然对流开始于 $5 < Ra_D < 50$。因此，达西—雷诺数的临界值约为 25；小于该值时，传导占主导地位，大于该值时为自然对流。在地热能应用中，$Ra_{D_{crit}} \approx 25$。

在地表附近，可以证明自然对流需要渗透率 $K \geqslant 1 \times 10^{-12} m^2$（相当于约 $k_f = 2 \times 10^{-5} m \cdot s^{-1}$ 的渗透率）才能对热传递产生显著影响。

传热通常由传导和对流部分组成。因此，很明显岩层中水的存在和移动对地热能装置的热平衡和效率都有相当大的影响。例如，处于饱和状态的砂土总热导率比处于非饱和状态的砂土高得多。

水自身有较低的热导率（$\lambda = 0.56 W \cdot m^{-1} \cdot K^{-1}$）和较高的比热容。水的热导率很大程度上依赖于温度（图 2.2.7）；随着温度的增加而增加。相对而言，水的运动黏度和比热容随着温度的上升而降低。

这意味着传热性能只能通过流过土骨架和岩石的水而增加。密封的水，例如，封闭的通道或闭塞的孔隙不能参与对流，由于较低的热导率具有绝热效应。所以，例如黏土，具有相对较高的孔隙率，然而，这些孔隙并不有助于水力传导，因此是不良的导热物体。

相应的，地下的所有固定不动的水组分因此具有绝热效应（图 2.2.6）。这也可以解释例如细砂基本上由石英颗粒组成，尽管比粗砂有相当大的颗粒和颗粒接触面积，但并不会表现出明显较高的热导率。可以通过确定烘干试样的热导率，把它们和湿润的试样进行对比量化这种影响。

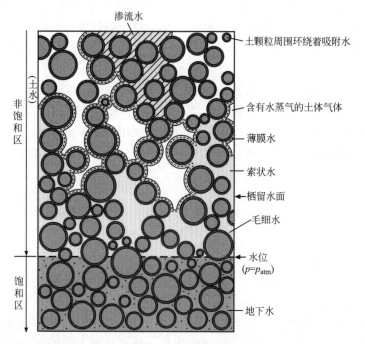

渗流水

土颗粒周围环绕着吸附水

（土／水）

非饱和区

含有水蒸气的土体气体

薄膜水

索状水

栖留水面

毛细水

水位
（$p=p_{\text{atm}}$）

饱和区

地下水

图 2.2.6　地下水的类型（据 Zunker from Hölting and Coldewey，2009 重绘）

　　地热梯度取决于地球动力学及水力热力过程。在德国正常的区域地热梯度每 100m 在 2K 和 5K 之间波动，但是较大的局部偏离也是可能的。

　　为了确定竖向温度梯度和陆地热通量，有必要在一个竖向钻孔中的两个深度处测量未扰动岩石组构的温度 T_r。

　　钻孔中岩石组构温度的测量通常用 Pt 电热偶、红外热敏电阻或光纤设备（差分热传感器，DTS）进行。钻孔和真实岩石温度的热阻平衡相对于时间 t 以幂函数的形式进行绘制。只有通过更长时间的测量才能达到最终的温度或平衡温度 T_{fin}。

　　与钻孔壁和钻孔流体的热力梯度的大小有关，在深钻孔中可以假设 $T_r = T_{\text{fin}}$，因为钻孔孔隙的热影响可以忽略掉。然而，在这种情况下，必须保证钻孔冲洗液的温度与周围的岩石层相匹配。对于在隧道或竖井中进行的测量，开挖（通风）的影响必须进行计算修正。

竖向温度梯度 ΔT_z（K·m^{-1}）是温度随深度增加每升高 1K 的深度间距。可以从两个测量点测量的未扰动岩层的温度 ΔT_r（K）和深度 i_z（m）之间的值确定。

$$\Delta T_z = \frac{\Delta T_r}{i_z} \qquad (2.2.20)$$

在陆地热通量 q_{sp} 和竖向温度梯度 ΔT_z 之间有一个直接的比例关系。它们通过一个比例常数联系起来，即热导率 λ：

$$q_{sp} = \lambda \cdot \frac{\Delta T_r}{i_z} = \lambda \cdot T_z \qquad (2.2.21)$$

大尺度的对流传热，例如由于深部岩浆的流动或地热水的循环，有时会直达地表，附加在传导热流之上，会有显著的局部效应。可认为典型地热梯度在这样的地区会高很多，这被认为是地热的反常现象。例如，在莱茵裂谷，可以测量到地热梯度几乎达到 5K·100m^{-1}（局部地区甚至可以达到 12K·100m^{-1}）。

水的物理性质和温度相关（图 2.2.7～图 2.2.10）。温度从 0℃升到 100℃，水的热导率从约 0.57W·m^{-1}·K 上升到高于 0.68W·m^{-1}·K 的某个值。比热容则随温度升高而降低，尤其是在 0℃（近似为 4.217W·s·kg^{-1}·K^{-1}）到 20℃（4.182W·s·kg^{-1}·K^{-1}）的温度范围内；然而，这一趋势随着温度进一步上升变得平缓。动力黏度与温度相关性更强，在 0℃为 1.8mm^2·s^{-1}，但是在 100℃仅约为 0.28mm^2·s^{-1}。水的密度初始在 0℃和 4℃之间略微增大，但是随着温度上升，水的密度则会减小。

后面两种性质是很重要的，因为渗透系数是流体的密度和动力黏度的函数：

$$k_f = \frac{K}{\eta} \cdot g \cdot \rho \qquad (2.2.22)$$

式中　k_f——渗透系数（m·s^{-1}）；

　　　K——渗透率（m^2）；

　　　η——水的动力黏度：10^{-3}Pa·s；

　　　g——重力加速度：9.81m·s^{-2}；

　　　ρ——水的密度：10^3kg·m^{-3}。

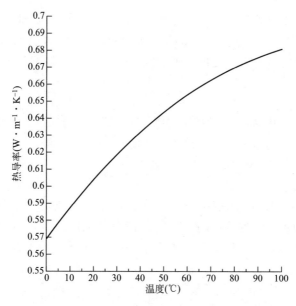

图 2.2.7　水的热导率和温度之间的关系

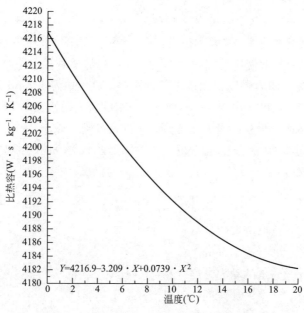

图 2.2.8　在标准压力时水的比热容 c_{sp} 和温度的关系

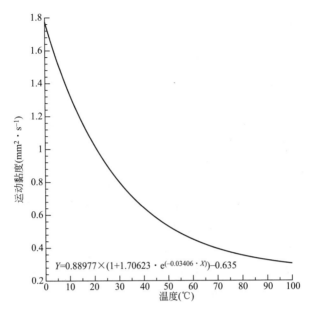

图 2.2.9　水的运动黏度和温度的关系

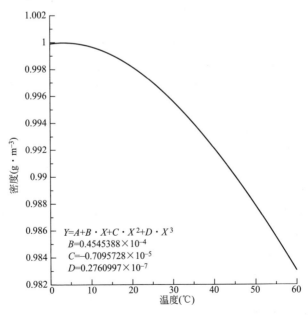

图 2.2.10　水的密度和温度的关系

2.3　太阳能区

太阳能——通过直接辐射、降雨和大气中的传热等形式提供热量，地表吸收后被利用。其中的一些在地表浅层的能量可以借助水平集热器进行提取和应用。因此，当规划水平集热器和其他类似的系统时，重要的是不仅要考虑水文地质和土的传热特性，也要考虑当地的环境（地下密封和地表上的建筑）。当考虑地表下几米储藏的能量时，地球内部的热量流动可以忽略掉。这一热流量平均约 $0.07W \cdot m^{-2}$，因此比直接热辐射的热流量（可达 $1370W \cdot m^{-2}$）低得多（Kaltschmitt *et al.*，1999）。

地下大约 1m 深度土的温度是随着地表温度变化的（随着不同月份和一天内的不同时间而变化），即使没有安装地热能装置除去热量也会降低到 0℃。正常来说，接近地表中性区的温度对应于平均年度大气温度。在 1m 深度以下，中欧（不包括高山地区）的温度全年保持在冰点之上。在全年的竖向坐标参考轴上，温度的相对偏移是最小的，因为温度的变化被延迟反映出来，由于较低的热导率，这一延迟随着深度的增加而增加。当土中含有很少的自由水时，热量的传递效率是非常低的，因为在这种情况下，能量只能通过对流的形式向更深处传递。然而，由于温度梯度很低，事实上在干燥季节没有向下的能量传递。热量向更深处传递只有通过降雨入渗或者其他来源的运动水流而发生。因此，地热能源筐或水平集热器（7.2 节）在建筑物下面不能有效运行。

由于对流热传导，这一过程依赖于土的竖向不饱和传导率。随深度的增加，季节性变化减小，这意味着约 15m 深度（取决于气候和地质条件）以下，全年保持恒定的温度。

热量从地表传递到水平集热器，气候条件是非常关键的。在更热和更湿润的地区，更多的热量向下传递。DIN 4710 把德国分成 15 个气候区（表 2.6），这为确定天气相关的边界条件例如年平均温度和降雨量（图 2.3.1）提供了一个很好的起点。图 2.3.2 提供了用于估算在德国不同气候区热量提取潜能的概览图。然而，应当记住，地埋管换热器通常穿过几个地层，所以整个钻井深度内土体性质的变化必须加以考虑。

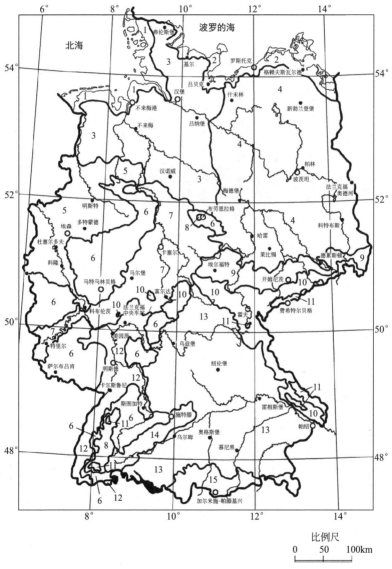

图 2.3.1 根据 DIN 4710 划分的气候带

（据 Beuth Verlag GmbH 重绘）

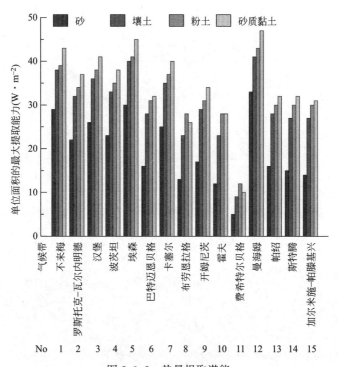

图 2.3.2 热量提取潜能

（modified after DIN 4710，Beuth Verlag GmbH）

2.4 地热太阳能过渡区

位于太阳能区和陆地带的地热太阳能过渡区就是地壳最上面的
10～40m，在这一区域陆地带的能量与来自太阳的能量是平衡的
（图 2.4.1）。这一区域的绝对深度和竖向温差依赖于岩石的热物理
性质、地下水情况、地貌形态和气候情形，以及当地具体的气象条
件和人类活动的影响。对于德国的大多数地方，假设地下深度 15m
处的温度波动延迟发生。在中性区的地下温度由长期的大气年平均
温度表示，其值为 8～12℃。

图 2.4.2 和图 2.4.3 给出了太阳能和地热太阳能过渡区在柏
林两个地点测量到的年平均温度变化过程。在城市郊区低密度建

筑和地面覆盖率 20％～30％的地区和大量的地表覆盖大于 60％
的城市中心进行的测量（图 2.4.2）。地表覆盖对地下温度变化过
程的影响是非常明确的。然而在地表以下，具有低密度覆盖的区
域，在 15m（8.3℃）和 40m（8.2℃）的地热太阳能过渡区将保
持恒定的温度，在高密度的覆盖区，地热太阳能过渡区的温度会
明显减少。

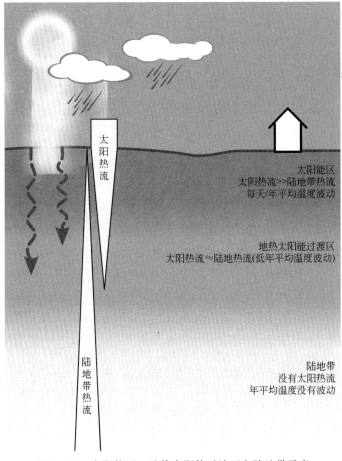

图 2.4.1　太阳能区、地热太阳能过渡区和陆地带示意
(Panteleit and Mielke，2010)（彩图见文末）

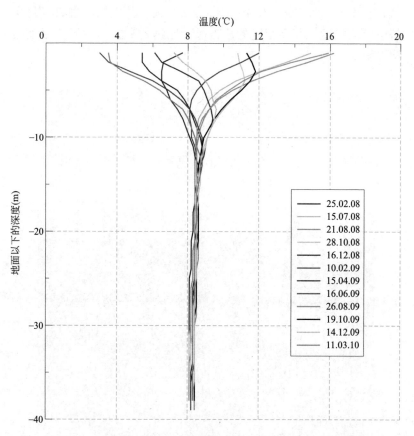

图 2.4.2　太阳能区和地热太阳能过渡区年平均温度变化，柏林，
城市郊区，地面覆盖率 20％～30％（SenGesUmV，
Arbeitsgruppe Geologie und Grundwassermanagement，2010）
（彩图见文末）

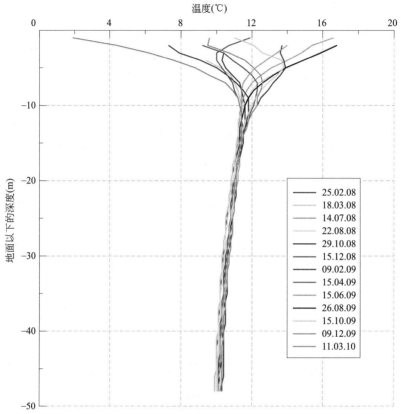

图 2.4.3　太阳能区和地热太阳能过渡区年平均温度变化，柏林，
城市中心，地面覆盖率大于 60％（SenGesUmV,
Arbeitsgruppe Geologie und Grundwassermanagement，2010）（彩图见文末）

2.5　陆地区

当设计地热能源系统的安装时，假设在陆地区岩石中的热能完全来自于地球的内部是足够的。热量的分布取决于岩石的类型和地质情形。对于构造未扰动的情况，岩石中的温度按照当地的地热梯度随着深度增加而增加。

2.6　人类活动的热影响

人类的居住活动不可避免地对地下有热影响。城市区域的地下温度通常比较高。污水管、矿山、垃圾填埋场、工厂等，类似的建筑和结构的绝热效果，由于采热或者输入热量造成了反常热效应。另外，每一个地热能源装置自身的运行对附近的地下温度有影响。这一影响的程度可以采用解析或数值的模型进行预测。在一些情况下，为了获得安装 BHE 群组的许可，这些计算是必需的，例如在斯图加特（Amtfür Umweltschutz stuttgart-Afll.2005）或者柏林。

由地下水的流动和渗流导致对流传热比扩散过程（陆地区的热量流动、地下储热装置的热量流动和太阳能热辐射）占优势。在均质的各向同性的地层，假设没有地下水流动，通过 BHEs 提取热量理论上可以导致在 BHE 或者 BHE 群组周围发生轴对称的温度下降。在地下水流过的区域，冷却锥大多出现在下游的方向（图 2.6.1），被称作冷羽一直延伸出去，直到提取的热量和流入的热量达到平衡。

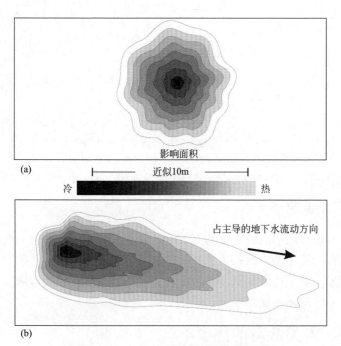

图 2.6.1　一个 BHE 和热影响面积示意

（a）没有地下水流动；（b）占主导的地下水流动方向

除了提取的热量外，地下水的渗透速度尤其对冷羽的发展范围有显著的影响。流动的地下水控制着冷却地下水的扩展和较暖地下水的恢复。在具有渗透性的非固结岩石中（DIN 4049-3），地下水是主要的传热介质。为了考虑对地块的影响，地热能源装置除去热量所影响的区域可以向上投射到地表。通常假设相关的钻孔是完全垂直的，因此，钻孔的底部与上端是在一条直线上的。然而，在实际工程中，这样完美的竖向钻孔是很难有的。

2.7　地热能源系统与地面的相互作用

地热能源系统的安装和运行会使地下水的性质不可避免地产生物理、化学和生物的变化。对于在非饱和区安装和运行的系统或组件也是一样的。系统的类型和设计决定了对岩石层和地下水影响的性质和程度。

最为重要的是关于地热能应用的钻井系统会导致地下水温度和压力的变化，其影响非常严重，必须从技术上和法律上加以考虑（第 8 章）。例如，必须考虑脱气、Eh 值和 pH 值的变化、析出—溶液平衡的偏移以及生物活动的改变。

这些地下水性质的变化出现在正在运行并且以后也可能继续运行的系统所影响的区域。根据地热特性、水力和水化学数值模型可以预测地下水性质改变的范围和性质。技术预防措施能够减少不需要的地下水性质的改变。

在通过一个钻井系统直接应用地下水的地方，非常有必要评估水力化学组成、微观生物状态和人类活动的影响。

例如，当为电站评估冷却水系统时，需要考虑热荷载在河流中进行的过程，但是目前在批准过程中并不明显。然而，对于地热能源系统的安装进行类似的分析是可行的。

从能源储藏的地方或者地热能源系统被地下水携带的热流量（或热荷载）$\dot{Q}$（W）可以采用类似于计算污染荷载的方法，从地下水排水率 $\dot{V}$，体积比热容 c_{spv}，以及有代表性测量的或预测的地下水温度 T（℃）来确定：

$$\dot{Q} = \dot{V} \cdot c_{\mathrm{spv}} \cdot T \qquad (2.7.1)$$

排水流量可以从饱和渗透系数（渗透率）k_f，潜水层的厚度 h_{aq} 和水力梯度 i 以及井的泄流宽度 b_{wi} 计算得到：

$$\dot{V} = k_f \cdot b_{wi} \cdot h_{gws} \cdot i \qquad (2.7.2)$$

如果地下水的温度比较高，较低的排水量仅能带走相对很少的热量。另外，高的热荷载发生在较适中的地下水温度和较高的地下水排水量的情况下。这一方法的优势在于更容易评估地热能系统对于诸如排放量、需要保护的资产和临近的地热能系统的影响。而且，评价较多的热量采取和输入（冷却）对于区域或者整个潜水层的影响是可行的。

温度计算的结果也表明规划地热能源安装时，必须考虑地下水的流动方向，因为，特别是在地下水流方向背靠背安装的地热系统，它们季节性的方向变化可能会经历超过容许限值的冷却。

临时的人类活动可能会带来地下水流方向的变化，例如，类似附近开挖降水这样的情形，在规划阶段就应当考虑其影响。

2.7.1 水化学反应

在开放和封闭的地热能应用中都会发生地下水的水化学影响。地下水的化学组成会影响地热能装置的功能、设计寿命和效率，最显著的影响主要发生在地热井系统中，涉及氧化铁和碳酸盐的析出（8.1.5 节）。大多数地下水含有还原形式的铁和镁。增加氧化还原电势（例如通过引入空气）或改变 pH 值（例如通过脱去 CO_2）会导致氢氧化铁和氢氧化镁的沉积，由于铁沉积，细菌导致的生物催化氢氧化铁的沉积会降低直接集水区地热井的产量。碳酸盐的沉积可能归因于卸压引起的二氧化碳溢出和热能系统引起的石灰-碳酸平衡的混合偏移或者温度相关的偏离。

当水的温度 80℃ 或更高一些时，在地热能应用的范围内，会出现硅酸矿物的析出和溶液反应。

2.7.2 地热能源系统和地下水有机质的相互作用

地下水为无数的微生物提供了生存环境。这些地下的生物进行着与基本的生态系统相关的任务，例如分解污染物并提供养分。另外，地下水的性质对于地下水群体的存在和组成有着重要的影响。

除了温度之外，地下水中的营养对于微生物的代谢活动是最关键的，也通常是制约这些活动的因素。从微生物的角度而言，没有或者很少有人类活动影响的潜水层中的地下水一般营养比较低，细菌也比较少。其中，可生物降解的碳、复合氮化物和复合磷化物是很关键的，例如腐殖质和化肥。

由于地下水温度升高所引起的细菌的快速增长，会产生地下水的污染和污泥的堆积。可以在地下水生态系统中偶尔发现病原性细菌，理论上存在由于温度上升导致细菌数目增多的风险。恒定的温度变化，例如在潜水层中储藏热量，通常会抑制微生物活动。

德国《联邦水法》（WHG，*Wasserhaushaltsgesetz*）中第 5 条基本上规定了地热能应用对温度变化的影响，必须避免任何对地下水性质的有害影响。但是对于什么是"有害"并没有基本的定义。需要开展进一步的研究工作确定预测和评价热变化对地下水影响的生态准则。因此，目前颁发的许可证没有包括关于地下水生物的具体规定。VDI 4640 推荐 $\pm 6K$ 作为地热井系统与不受影响的地下水相比较的最大温差，另外，最大温度上升绝对值为 20℃。当进行较大规模安装的时候，这些数字被频繁引用。在这一背景下，根据现在的发展现状，为了进一步扩大浅层地热能源的应用，下面这几点是很重要的（Brielmann *et al.*，2011）：

① 最大许可温度范围应该与具体潜水层的物理-化学和生物情况相匹配。对于没有污染的地下水生态系统，在德国通常 $\pm 6K$ 的温差是合理的，但是这一点并没有通过长期的研究证实。

② 典型的氧化潜水层，氧气浓度低，DOC 和营养物含量高于自然情况，需要进行单独的试验，当然最大温差不得超过 $\pm 6K$。

③ 有机物污染的潜水层，温度快速上升会导致释放氧气，将会对地下水生物群落产生巨大的影响。致病微生物的增加在高温下无法避免。

一般认为，对于生态和饮用水的供应，当温度超过 20℃ 比温度低于 10℃ 时会产生更多问题。因为，低温情况会抑制潜水层中微生物的活动，在某些情况下导致微生物降解能力的下降。

第3章 地热能设备的安装

地表附近的温度太低导致大多数情况下（加热、工业加热过程、冷却和储存）无法直接使用地热能，这些情况包含使用开放式系统和封闭式系统从地下提取热量。其中开放式系统指抽取地下水，并提取其中的热量，然后大多数情况下将水重新注入地下的系统；封闭系统是指使用传热流体（液体或气体）在闭合的管道回路中循环流动来抽取地下的热量或将热量传递给地下。在这些情况下，通常使用热泵提高工作温度。

理论上，热泵的工作原理与冰箱相似，但工作流程相反。热泵可以从地下获取热能，然后在建筑物中使用这些热量进行加热。带有热泵的闭合回路中使用低沸点的流体工质，从而可以在蒸发器中以较低的蒸发温度吸收热量。蒸汽在压缩机中被压缩，其温度升高，然后进入冷凝器。冷凝器中的蒸汽释放热量到加热回路，自身温度降低并在适当的温度下凝结成液体。之后液体经膨胀阀释放压力，冷却后的流体再次成为低温液体，然后返回蒸发器，最后循环重新开始。

图3.0.1显示了目前非常常见的一种热泵。也有已存在的和正

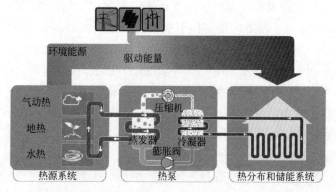

图3.0.1 热泵的工作原理（Bundesverband Wärmepumpe e. V.，2013）

（彩图见文末）

在开发中的各种压缩和吸收式热泵以及其他形式的热泵，但本书不再对它们展开进一步的研究。

市场上也有许多开放式系统和封闭式系统组合而成的地热系统。但这些特殊的系统尚未广泛使用，只是在地热能研究小组进行讨论时才被提到。对开放系统和封闭系统讨论的原则当然也适用于这些特殊系统。

3.1　封闭系统

封闭系统种类较多，可以分为地埋管换热器（BHEs）、热管、直接蒸发管 BHEs、水平集热器、地热能源篮和能源桩。但这些系统在配置要求、空间需求和安装深度等方面存在很大的不同。

封闭系统使用地下管道作为换热器。而制作管道的材料则多种多样，主要有高密度聚乙烯（HDPE）、钢和铜。而近年来，人们都毫无例外地使用标号为 PE100-RC 的高应力抗裂材料作为管道的材料。根据制造商提供的信息，PE100-RC 的应用范围更广，例如 PE100-RC 管道可以在不需要铺砂的情况下铺设，而 PE100、PE80、交联聚乙烯（PE-X）和其他材料的使用范围则相对有限。在本书中除非特别提及其他管道材料，否则以下章节均采用 PE-100-RC 作为管道材料。

3.1.1　地埋管换热器（井下换热器）

浅层地热能系统通常使用地埋管换热器，可分为单 U 形管换热器、双 U 形管换热器和同轴换热器（图 3.1.1）。目前，大多数地埋管换热器装置使用双 U 形管配置。图 3.1.2 和图 3.1.3 以简化的示意图显示了最常见的地埋管换热器形式的结构原理；为显示清楚起见，地埋管换热器仅显示一个 U 形管。尽管双 U 形管是目前使用最广泛的，但应该注意的是，在深度大于 250～300m 的钻孔中依然主要使用单 U 形管，其中的一个原因是更容易将管道安装在钻孔中。在与水平管道的连接处以及水平管道自身内部，重要的是确保没有难以排出流体工质的过高的位置。

图 3.1.2 和图 3.1.3 也给出了内部和外部定位器（分离器）将

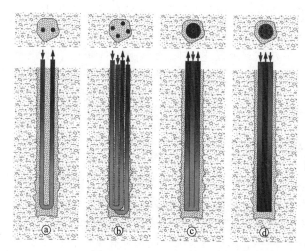

红色=入流；蓝色=回流

图 3.1.1　不同系统布置示意图（彩图见文末）

ⓐ单 U 形管 BHE；ⓑ双 U 形管 BHE；ⓒ内部回流的同轴 BHE；

ⓓ外部回流的同轴 BHE（Sass and Mielke，2012）

管子固定在钻孔中的示意图，可以减少入流管和回流管之间的热接触。而且由于它们可以减少管组的扭曲，所以比较易于安装，并且还可以容纳软管或管道进行灌浆。

外部定位器（扶正器）用于防止管组或同轴管与钻孔侧面之间的接触，从而确保管道完全封闭在回填料内。根据岩层条件、钻探方法和钻孔条件，在安装过程中加入外部定位器会导致阻力增加（第 9 章），所以外部定位器的使用必须在特定项目中进行具体确定。

除了上述的 BHE 形式之外，还有其他各种特殊类型，包括用于深部地热的能量装置等。但这些特殊形式的 BHE 在这里就不再进行赘述。

BHE 系统的施工需要钻一个或多个垂直钻孔，例如单根 U 形管或双根 U 形管需要从卷筒上部小心地逐渐下放以确保管子不会被损伤。钻孔的深度取决于 BHE 装置的设计，通常为 70～200m，更深的情况不太常见。然而，在很少的一些项目中，存在当超过 1000m 深度时，使用 BHE 进行施工的情况，但这大大增加了项目

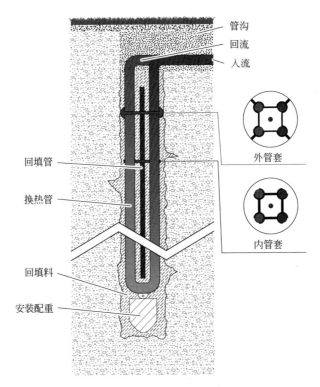

图 3.1.2　与铺设的水平管道连接的典型的 U 形管 BHE 系统
示意图（Sass and Mielke，2012）（彩图见文末）

（注：这些管道经常铺设在地下，也就是在建筑物下方。内部和外部
定位器仅以示意图形式显示。尽管双 U 形管是实践中最常见的形式，
但为了清楚起见，图中只显示了一个 U 形管布置）

对钻井、材料、设备等方面的要求。涉及中等深度和非常深的地热
能系统的应用不是本书的主题。

　　为了实现从地面到换热器的最佳热流，在保证不会对水资源、
环境或水文条件、地质条件造成风险的情况下，在整个施工深度上
钻孔应该被设计成最小的热阻。但是 BHE 的最佳理论设计通常与
实际情况的要求不匹配，例如钻孔深度的局部限制、钻孔直径要求
的限制（在德国根据特定联邦州的相关规定）、回填要求和有关邻
近地块的清理规定等。

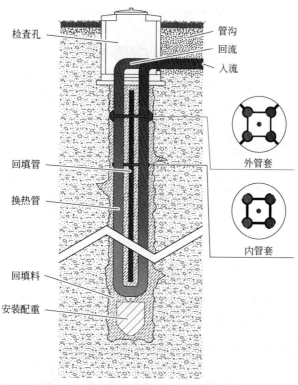

图 3.1.3　与检查孔中铺设的水平管道连接的 U 形管道 BHE 系统
示意图（Sass and Mielke，2012）（彩图见文末）

　　在德国，相关法规规定了永久性密封方法：即以与土壤、岩石
和地下水永久相互作用的悬浮物注入管道和钻孔侧面之间的环形空
间（DVGW W120-2，2013；DIN EN ISO 17628，2015）。该悬浮
物可以防止多层地下水系统的含水层之间的渗漏。悬浮物应在硬化
后具有较高的导热性，因为回填料会阻止由于地下水流动而通过对
流与岩石形成的热量交换。

　　BHE 的顶端可以有不同的细节。BHE 通常没有检查孔（图
3.1.2 和图 3.1.4），但也有设置检查孔（图 3.1.3 和图 3.1.5）的
情况，应根据当地的具体要求进行设计。目前尚不知道是否有用于
地热能系统的 BHE 顶部构造的比较详细的技术标准。

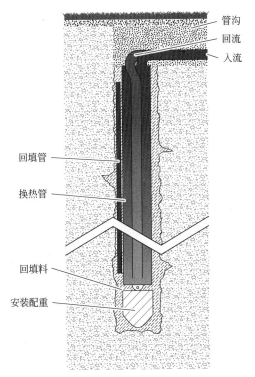

图 3.1.4　连接到铺设在地下的水平管道的同轴 BHE 示意
（Sass and Mielke，2012）

在设计和安装 BHE 系统时，BHE 和热泵之间的水平连接通常由同一设计和安装团队负责。适用原则如下：

① 水平管道应尽可能短，弯曲和接头也应尽可能少；

② 应遵循地面铺设管道的原则（推荐参考德国燃气和水技术与科学协会 DVGW 规则）；

③ 对管道应进行隔热处理；

④ 对复杂装置应进行流量计算，简单装置至少需要对流量关系进行数值估算；

⑤ 竣工文件中必须包括对安装在地面上的所有项目的记录，包括位置、深度和技术规格；

⑥ 每个 BHE（每个回路等）必须进行单独的压力和流量

测试;

⑦ 必须对地面技术设备中的所有管道进行压力测试。

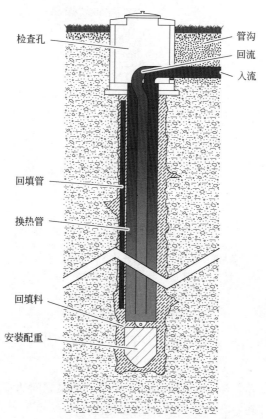

图 3.1.5　连接到铺设在检查孔中的水平管道的同轴 BHE 示意图
(Sass and Mielke，2012)

此外，系统必须能够分别对每个 BHE 进行关闭、排气和液压平衡等操作。对于多个 BHE，通常只需安装一个 BHE 歧管即可。但是这并不适用于使用 Tichelmann 原理（没有控制阀的差不多等长的入流和回流管路）对系统进行串联或并联方式布置的情况。对于该类系统，单个 BHE 的泄漏可能导致整个地热能装置的故障。

当系统运行时，传热工质在 BHE 的闭合回路中循环。工质根据安装类型和用途，会吸收储存在地下的热量（吸热或储热），或者将热量传递到地面（冷却或放热）。传热工质主要是水和乙二醇的混合物。可以使用循环泵让传热工质在系统内进行循环，在设计该泵时，必须考虑传热工质的质量流量、流动条件（层流/紊流）、流体的物理性质和回路中的压力损失等。设计合理的循环泵可以优化循环泵的功耗，从而优化整个系统。"EWS-Druck"（Huber and Ochs，2007）等软件可用于设计双 U 形管 BHE 的液压和优化 BHE 回路。

图 3.1.6 以独立式住宅为例说明了 BHE 安装的原理。图 3.1.7 和图 3.1.8 中以同一房屋为例，分别显示了带有水平集热器和生产/注水井（直接使用地热能）的装置。

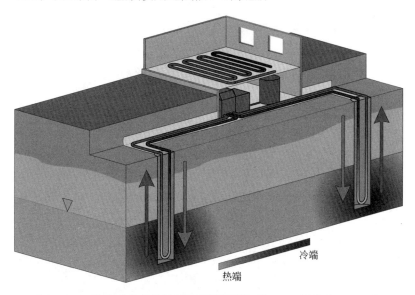

冷端
热端

图 3.1.6　独立式住宅的 BHE 系统原理图（Sass and Mielke，2012）
（彩图见文末）

3.1.2　热管

热管内填充有传热流体，该传热流体会经过液体—气体的相变。使用的流体包括 CO_2、NH_3、丙烷和丁烷。传热流体从地下吸收热量，然后在蒸发区汽化（图 3.1.9），由于流体此时处于气

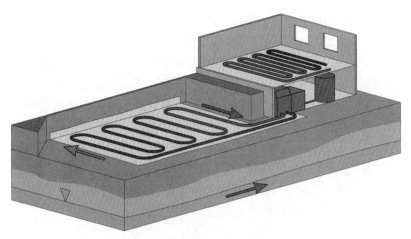

图 3.1.7 带有水平集热器的独立式住宅原理图（Sass and Mielke，2012）

（彩图见文末）

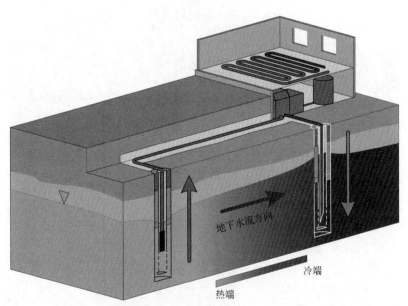

图 3.1.8 独立式住宅的井系统原理图（Sass and Mielke，2012）

（彩图见文末）

体状态，密度较低而不需要泵就能上升到顶部。在热管的顶部，流
体在冷区凝结，冷却释放热量成为液态，然后在管道内向下流回蒸

44

发区以再次开始循环。管道设置为螺旋盘绕的内部结构以促进该过程。这是一个可以使热量通过热管顶部的换热器排出而不需要热泵的自持续过程。

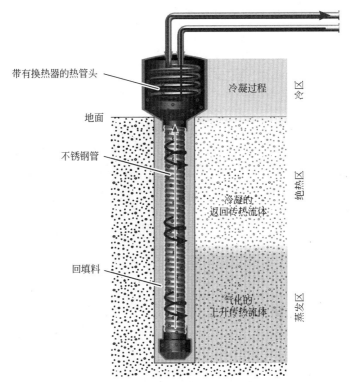

图 3.1.9　热管原理示意（Stegner，Sass，Mielke，2011）
（彩图见文末）

由于其工作原理，热管会在结霜线以上工作。热管顶部几米处出现结霜现象是不可避免的。只有在相当大的技术资源投入的情况下，才能使用热管进行制冷。

热管装置与直接蒸发系统是不同的，在热管中换热器安装在实际热管和热泵回路之间，而直接蒸发系统则不是这样。

3.1.3　水平集热器

通常情况下，水平集热器由铺设在地下 1～2m 深度处的管道网络组成（图 3.1.10）。管道以一定的间距铺设在地下，并通过传热流体在管道中的流动来防止冻结（例如乙二醇-水混合物）。根据当地的气候条件，假设水平集热器系统周围的土体在系统运行的情况下会发生冻结。因此，必须保持地下铺设的水平集热管与地下结构物的间距不能小于最小间距。冻结效应会导致集热器释放的能量明显增加，这是因为除了相变时释放的潜热（约 0.09kWh·kg^{-1}），冰的热导率（2.2W·m^{-1}·K^{-1}）远高于水的热导率（约 0.6W·m^{-1}·K^{-1}）。

图 3.1.10 安装水平集热器（Brehm，2010）

在管道中循环流动的传热流体会吸收储存在地下的能量，这几乎完全是太阳辐射的结果（2.3 节）。随着气候条件的变化（图 2.4.1），基本上可以预测到在不同的气候条件下，相同的土壤类型吸取热量的能力会不同。

传热流体吸收储存在地下的热能，并将其输送到热泵。所需流体质量、换热器面积以及参与能量交换的土体体积和几何结构等系统参数取决于能源需求、系统地理位置和地下地热属性。由于系统运行时土壤温度较低，与 BHEs 和地热井系统相比，水平集热器的能量效率较低。

一般存在一个回路和两个回路的水平集热器的情况。具有两个回路的水平集热器根据直接蒸发原理运作，分别具有一个换热器回路和一个热泵回路，并且系统中使用的传热流体工质与热管中使用的相同。

一般分为以下系统类型：

① 水平集热器；

② 毛细管网（小间距的紧密排列管道）；

③ 沟槽集热器；

④ 地热能源篮；

⑤ 螺旋探针。

水平集热器可以根据不同的设计原则进行安装。系统主要由塑料或铜管环路组成，以一定的间距和深度在地表下大面积水平铺设（图 3.1.10）。

沟槽集热器（图 3.1.11）是水平集热器的修改形式。沟槽集热器通常铺设在 0.5～1.5m 深的沟槽中。相对于水平集热器的优点是减少了空间需求。

图 3.1.11　Slinky 型沟槽集热器安装现场（Brehm，2009）

地热能源篮（图 3.1.12）是水平集热器的一种特殊形式，通常安装在较小的系统中，可以作为水保护区中经批准的 BHE 的替代品。

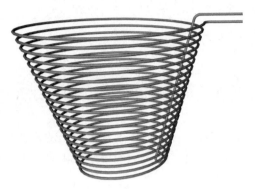

图 3.1.12　地热能源篮的设计原理（Mielke，2010）

当水平集热器没有足够的安装空间，或有关 BHE 的使用使系统不经济，或地下水不适合直接使用时，使用地热能源篮尤其有利。该系统大多以聚乙烯管的形式缠绕成螺旋圆锥形，通常使用外径为 25mm 的管道。市场上有不同类型的地热能源篮。

通常情况下，几个地热能源篮会彼此相邻安装并连接在一起（图 3.1.13）。它们的大小和数量取决于加热要求和加热面积。由于除了地面和气候条件外，特殊的安装形式（管道长度、绕组间距、填料等）也具有很大的影响，因此无法估计一个地热能源篮的总体吸热能力，所以设计系统时应参考制造商提供的相关信息。

地热能源篮安装深度内的空气温度相对于地表存在一定的时间滞后。太阳照射区的最高温度出现在 11 月，即供暖季节开始时；最低温度出现在夏季开始时，不再需要供暖，而系统可能需要制冷时。传热流体在螺旋管中向下循环流动，换热后通过篮内的管道返回热泵。这个流向为热泵提供了冬季的最高流体温度（用于加热）和夏季的最低流体温度（用于制冷）。在冬季，地热能源篮底部的土壤比顶部土壤更温暖，而在夏季则其更凉爽。

集热器系统也可以与渗水排水系统结合使用。首先而且最重要

图 3.1.13　地热能源篮安装现场（Betatherm，2011）

的是，受益于由降水、排水沟和钻井等方向流入的水而保持湿润的饱和地层中的较高的集热能力。与传统的集热系统相比，该系统的优点主要是所需的面积更小，地热能采热能力更高，温度恢复更快。

3.1.4　与土壤接触的能量桩和混凝土构件

埋在地下的结构部分可以是承重结构（例如桩基础和地基），或者地下空间的部分（地下停车场、隧道）。这些部件也可以被设计和建造为换热器，为了实现这样的功能，管道（通常是塑料管，典型的是高密度聚乙烯管）将被嵌入相应的部件中。这种热能管被连接在混凝土桩或地板的钢筋笼上。而对于预制混凝土桩，在预制场地已经进行了换热器部件的固定。

对于较深地基的地基桩可以匹配换热器系统，然后可以被称为能量桩（图 3.1.14）（Ennigkeit & Katzenbach，2001）。这种地热能装置主要用作季节性储热媒介。

这同样适用于钻孔灌注桩墙（图 3.1.15），无论是割线桩还是联锁桩，都可以被设计成能量桩。同时，也可以使用地下连续墙进

图 3.1.14　高层建筑下的能量桩（Bilfinger Berger SE，2007）

行热交换。

图 3.1.16 表明管道之间的连接和布局可能很复杂。特别要注意的是这种系统的液压平衡和放气部分是设计、安装和现场监督的重要方面。

对于该系统的设计、安装和现场监督都有很高的要求。例如，深基坑的施工总是需要使用大型设备，通常涉及的行业并不习惯于安装相对较脆的管道和软管。因此，对地热能项目的现场操作和现场监管提出了很高的要求。从图 3.1.15～图 3.1.19 可以看出，采用地热能源的桩基一开始就对土木工程的施工具有挑战性。

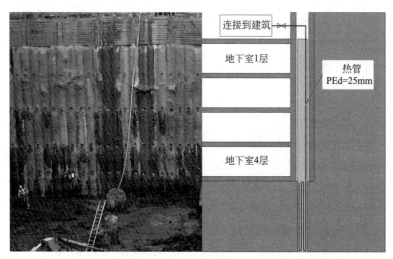

图 3.1.15　将能量桩安装集成到钻孔灌注联锁桩墙中的现场照片和能量桩
安装剖面示意（据 von der Hude and Wegner，2007 重绘）

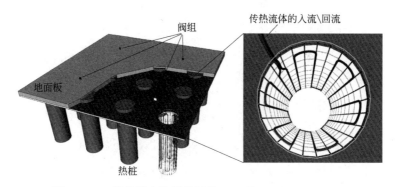

图 3.1.16　能量桩安装原理示意（Mielke and Sass，2012）

　　关于自 20 世纪 90 年代中期以来建造的小型建筑中使用的能量
桩的信息可以在相关文献（Kapp，1994）中找到。恩尼凯特（En-
nigkeit，2002）在更大的范围上研究和描述了这类系统的数值地热
设计（例如法兰克福的高层建筑）。BHEs 的设计方法（Sanner and
Hahne，1996）在能量桩系统中应用有限。

　　瑞士标准 SIA D 0190（在包括桩基础和其他与土壤接触的混

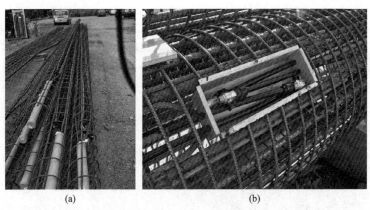

(a)　　　　　　　　　　(b)

图 3.1.17　穿过桩筋的换热管

［Pfahlkonig Stade，2009（a）；Bilfinger Berger SE，2008（b）］

图 3.1.18　高层建筑地基板中能量桩的管道布线

（Bilfinger Berger SE，2007）

凝土构件使用地热能）为能量桩的规划、设计和施工提供了重要信息。

　　通常，桩基础和能量桩的安装涉及许多独立的大直径钻孔作业（通常直径大于 400mm）。能量桩系统的一个优点是，由于桩基础属于第 3 类岩土工程（DIN 4020 或 DIN EN ISO 22745），所以通常会提前进行现场勘察。因此，在这些情况下，关于地热设计方面

图 3.1.19　能量桩与管汇之间的水平连接（Pfahlkonig Stade，2010）

的信息比大多数其他形式的地热能装置的信息要多得多。

使用与土壤接触的混凝土构件作为能源，需要使用具有大面积的水平和垂直部分的结构（筏板基础、条形基础）。一般情况下，换热器放置在地基土和地基底面之间指定的地基垫层（砾石或素混凝土）中。它们在冬天从地面提取热量，在夏天将多余的热量从建筑转移到底土中。

此类换热器安装的另一种方法是将管道直接集成到各种混凝土构件中，例如筏板基础和条形基础。但是，将温度降至冰点以下会对混凝土构件和其他服务产生负面影响。应该事先检查潜在的负面影响。

当能量桩通过流动地下水时，可获得较高的提取能力。在设计这样的地热能源系统时，推荐使用热工水力模拟和地热响应测试（6.5 节）确定地面参数。

3.2　开放系统（直接使用地下水）

开放式地热能源系统的特点是抽取地下水，改变其温度，然后再注入。最常用的方法是双井系统，它至少有一个生产井和一个注入井。

一般通用的建造井的技术规则（如 DVGW 和 DIN）适用于这种系统的设计、施工和操作。此外，地热能设计的规则也必须加以考虑。尤为重要的是，在大多数情况下，地热能源设施井必须下沉到现有或未来的建筑物的附近或内部，就井本身的安全性以及邻近建筑物的使用可靠性和稳定性来说，这意味着必须遵守岩土工程要求（DIN 4020 和 DIN 1054）。原则上，井系统也适用于操作含水层热能储存系统（ATES，3.3.1 节），并可用于加热和冷却。地下水的保护规定要求回程温差最多为 3～6K，这可能限制双井系统的使用，尽管通常认为加热地下水比冷却地下水更为重要。然而，对于每一个个体情况，关于水的立法许可中总是包括允许温度差异的具体数值。

由于有利的温度条件，假设对地下条件进行了适当的规划和设计，开放系统，或开放和封闭系统的组合会比大多数封闭系统有更高的效率。

与地埋管换热器系统维护要求较低相比，开放系统的维护要求较高。实际上 BHE 几乎不需要维护。然而，每一个开放系统都必须定期维护和重新检修。维护期间隔在很大程度上取决于所处位置的水文地质条件和水化学条件。在大多数情况下，地热能装置的操作人员不是专家，例如供水公司的专家，他们有自己操作井的经验。因此，运行和维护预测（方法、间隔、成本和审查）是规划过程中要考虑的重要方面。

当使用开放系统时，必须区分对邻近地块的水力和热力影响。双井运行会使地下水位升高或降低（叠加作用），造成较大的水力梯度，导致形成对流单体，对流单体通常影响相邻的地块，但不会扩散很远。另外，根据系统的入流及回流温差以及地下水流动梯度和流动方向，温度场在排放方向几百米的地方可能受到影响。

除此之外，由于地热应用中不可避免的物理干预，地表水特性也发生了间接的空间和时间变化。因此，在开放地热系统运行时，地下水受到的影响要大于封闭系统。然而，评估其受到的影响是每个个案的问题。

地热井的安装不能与饮用水供应相矛盾。

如果一个开放的地热系统的集水区延伸到一个有污染地下水的地区，这个系统的运行可能会被拒绝，原因是不允许污染水的渗入。被拒绝的另一个原因是已经在采取的地下水恢复措施可能受到水力干扰。可能需要热工水力模拟来评估这些问题（5.1节）。必须在规划的早期阶段进行这种模拟的另外的理由是，预测和评价可能由地热双井装置引起的已建成地区地下水水位的变化。如果后面的设计阶段是基于模型的，则必须随着设计的进行而更新。

地热井的安装一旦获得水立法的批准，并不意味着经营者有权抽取一定体积、一定质量的水。一块土地的所有权并不延伸到其下的地下水。在设计工作中，必须尽可能准确地预测其下水的质量和体积，以及质量和体积的潜在变化。例如，在城市地区，在建筑施工过程中，地热利用和降低地下水水位之间可能会产生冲突。

3.2.1　井系统

井系统的建造和运行（图 3.2.1）总是需要根据水法规的要求获得许可证。不需要制冷机或热泵，直接利用地表水是开发浅层地热能的最有效途径。然而，在许多情况下却要使用制冷机或热泵。当有利的水文地质边界条件占优势时，这些系统已经证明比封闭系统更加高效。

对井系统的要求是适当的地下水供应和充足的地下水补给，其中地下水好的质量可以使井系统的长期、低维护工作成为可能。开放系统从 20 世纪 70 年代开始运行。

地热双井系统的钻孔（图 3.2.2 和图 3.2.3）由生产井和注入井组成，通常可以用钻井或挖掘方法进行下沉，也可以因地制宜采用其他特殊形式的建造形式。

井是适应现场地下条件的复杂结构，必须进行相应的设计和建造。生产井和注入井的原理相同。它们包括在顶部装有套管的钻孔和在底部装有滤网的钻孔，滤网被视岩层性质而定的过滤器或砾石

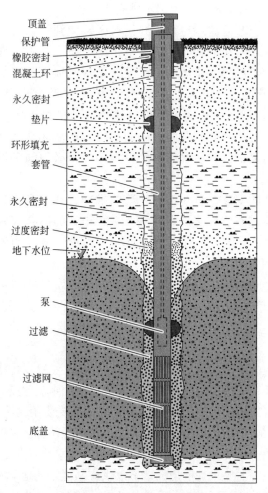

顶盖
保护管
橡胶密封
混凝土环
永久密封
垫片
环形填充
套管
永久密封
过度密封
地下水位
泵
过滤
过滤网
底盖

图 3.2.1　砾石充填潜水泵生产井示意（Sass and Mielke，2012）

充填物所包围。

　　电机驱动潜水泵或虹吸泵管路的吸入端需要安装在相应的过滤段上方或下方。每口井都应密封，防止地表水流入，如有必要，还应防止洪水泛滥，同时需防止未经许可的人员进入。井口外壳，可以使用非常简单的结构形式，例如预制检查室等。在双井系统中，两个井的顶部必须始终是可进入的。维护工作需要足够的净空高度，

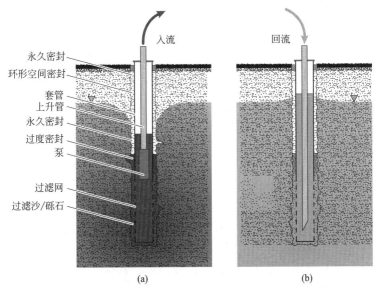

图 3.2.2 非承压地下水地热井安装原理 (Panteleit, Sass and Mielke, 2012)

(a) 产热井, 温暖; (b) 回流井, 寒冷

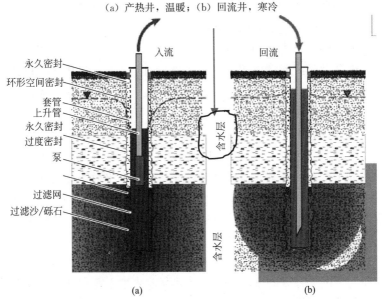

图 3.2.3 承压地下水层中的地热生产和注入井装置

(Panteleit, Sass and Mielke, 2012)

(a) 产热井, 温暖; (b) 回流井, 寒冷

57

例如泵的更换或井的更新。如果这是不可能的（例如在地下室），例如，上升管必须设计成能够适应当地情况，那么井口外壳必须向下延伸，或者在上面的楼层提供一个开口。井口外壳必须永久通风，以防止冷凝或气体积聚。必须考虑测量水位和地下水温度的情况。流量测量可以在整个系统的任何合适的点上进行。

水泵将地下水带到地表，并将其直接输送到工作回路或换热器中。最小压力损失、抗地下水侵蚀和低扩散渗透性是选择井内管道材料和尺寸时考虑的重要因素。在建筑物内，必须提供防止热扩散的隔热层，否则可能发生冷凝风险。

由于地表附近地下水的温度通常与该位置空气年平均温度大致相当，因此只有在较深的井中才能直接利用热量进行加热。

地下水在经过使用后，其温度与原温度不同，因此通过一个或多个注入井回流到地下（8.1 节）时，为了平衡水资源管理和避免对地下水特性影响的额外风险，应将其回流到它被抽取的多层地下水系统的同一地层中。这种方法还将岩土工程风险降至最低，如由于地下水位降低而引起的沉降。在某些情况下（如河道过滤）可以将抽取的地下水排放到排水口。

地热井系统通常也用于大型建筑物的冷却，这意味着将建筑物中多余的热能转移到地下水中。这可以通过换热器直接完成，也就是可以直接利用地下水的低温进行冷却，从而避免热泵。地热井装置也可以作为季节性能量缓冲装置来运行。

与常规井运行一样（Houben and Treskatis, 2003），地热井必须定期维护，或者有时需要重新建造，这取决于操作方法和地下水的物理化学性质。地热井设施的维护间隔主要由注入井的状况决定，注入井的状况受增加装置后的水物理性质的影响。这就是为什么系统在某些情况下是交替运行的，也就是说，随着季节的变化，地热井作为生产井和注入井交替运行。这种形式的操作是季节性蓄热所必需的。夏季降温时将建筑的热量输入地下而在冬季将储存在地下的热量再次提取出来用来取暖。然而，这种操作方式假定地下水的平均孔隙流动速度相对较低。

由于地下水位与地表垂直距离小，以及上述建议的生产井和注入井交替使用的情况，虹吸原理是一个很好的选择。

3.2.2　地热能与矿山和地下开采设施一起使用

采矿作业中捕获、抽取和排放地下水，或将其储存在地下洞室中。该矿（坑）中的水适宜于地热能源设施使用，可利用的地热资源量极高。然而，开发这种地热能需要量体裁衣。必须具备广泛的知识和经验，包括完全熟悉旧矿井的车辆通行方法（图 3.2.4 和图3.2.5）。

图 3.2.4　蒸汽从德国 Bad Ems "新希望" 矿井中逸出（Pohl，2008）

图 3.2.5　在含水的旧矿井中作业（Pohl，2009）

为了能够利用矿井水的固有热量作为热泵的热源，矿井水可以通过换热器供给地热系统。可开发的地热资源如下：

（1）隧道排水；

（2）水控制措施收集的水；

（3）水淹矿井的地下水（图3.2.6）；

（4）旧矿的排水坑道漏水（图3.2.6和图3.2.7）；

（5）旧矿井开采过程中用于地热能的储水（图3.2.7）。

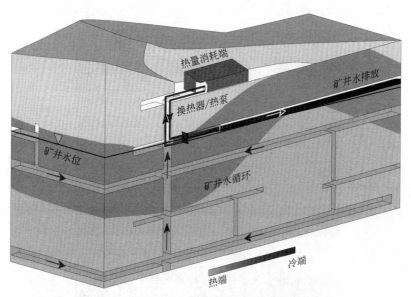

图3.2.6 当矿井水能自由流出时在水淹矿井中
地热能利用原理的示意（Pohl and Mielke，2012）

在采矿地区，利用地热能源（例如BHEs）方法不是不可行就是需要大量的额外工作。因此，由于计算地质和钻井风险的困难，通过钻孔开发地热能源的批准常常是被拒绝的。

在规划这类地热能的使用时，必须考虑充满水的地下洞室的稳定性。在利用地热能的整个过程中，必须保证矿井开采及其周围环境的水的排放或循环。

在最简单的情况下，出于热原因开采的矿井水被排放到排水口，这在涉及旧矿井的立法中大多已经得到批准。因此，只有在某

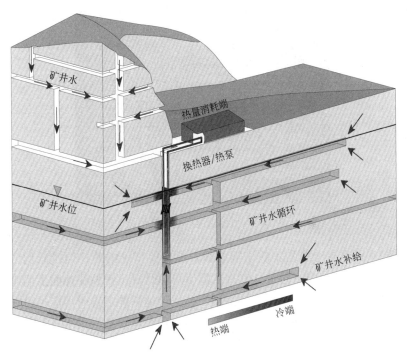

图 3.2.7　在具有较深的压力面的情况下，在淹没的矿井
中使用地热能的原理（Pohl and Mielke，2012）

些特殊情况下，才有可能需要附加要求。

　　在设计系统时，仍需对矿井水的水化学性质（阴离子、阳离子、包括离子平衡）进行评价，以保证系统各组成部分与水的相容性。此外，在混合水时，应计算和预测之后的饱和度关系（沉淀、溶液）和水化学行为（如腐蚀和结壳）。

　　矿井水的热力开采会引起整个水化学条件的变化，图 3.2.8 所示的是一个出口，该出口将含有未使用过的含铁蒸汽的矿井水排入渠道已有数十年。在出口附近，与氧气混合导致铁的沉淀，有些沉淀会在地热能装置的换热器中产生，然后必须采取适当措施加以控制。这可能会影响一个项目的经济可行性。

　　换热器需要机械的预过滤器来保护它们不会永久或暂时呈现浑浊，或含有砂子的矿水的影响，这种过滤器需要大量的维护（清

图 3.2.8　矿井水排入河道点所产生的铁沉淀（Pohl，2007）

洁），而且这个事实不应该被忽视。最好使用不需要任何过滤器的换热器。从流量（排放）和水的温度可以计算出排放在地面上的水中的可用热量。由于可能的波动，在设计地热能装置时，应尽可能地考虑最低水量和最低温度。设计的出发点应该是对出水进行长期的调查，并持续记录出水的流量、温度和电导率等关键参数。

　　当使用来自停滞的矿井水库的热量时（图 3.2.7），例如，被淹的老矿井，没有显著的流入和流出，除了估算水的体积和温度外，还有必要考虑与围岩的能量相关的相互作用。

　　在规划一个矿区的地热能源系统之前，对矿井开采情况（包括稳定性和地下水条件）的了解是必不可少的。如果地热装置需要额外的抽水措施，则必须根据这些措施对矿井水力状况的影响进行评估。

　　例如，在这种情况下，必须避免或至少考虑矿井抽水和回水回路之间的泄漏，有时矿井水也适合用于冷却。孤立体积的水也可以用来储存太阳能。

　　在旧矿区使用地热能的观念，以及这种系统的建造和操作，必须得到采矿当局的同意，并获得必要的批准。我们有义务为直到最近还在使用的矿场提供一项作业计划，这一要求往往不适用于较老的废弃矿场，此外，必须明确矿场的所有权和财产权。必须在每一个单独的案例中检查是否需要地热能开采许可证，当使用属于他人的矿场时，有必要得到所有者或者旧权利所有者的许可。由于有下沉的危险，采矿当局必须参与（4.2节）。

3.3 地热储能概念

我们必须区分含水层和钻孔热能储存（BTES）系统；前者是一种开放系统。桑纳和帕斯科（Sanner and Pasko，2002），以及尼尔森（Nielsen，2003）根据存储的形式区分了三种类型。

3.3.1 含水层储能

通过对地下水动态的控制开采，ATES 利用含水层的水力特性储存和释放热能。首先，ATES 的特点是没有构造边界，相反，使用这种类型的存储将存储介质与其周围地质环境的相互作用最小化。从理论上讲，可以在裂隙含水层和岩溶含水层中建立 ATES 系统。然而，在这种情况下，在系统的规划中需要对地下的水力含水层情况和季节变化有很好的了解。有利的条件是平均孔隙流速低，含水层性质应尽可能均匀和各向同性。

3.3.2 钻孔热能储存

BTES 系统由立方到圆柱形的 BHEs 排列构成，BHEs 的作用是间接地储存和释放热能。他们可用在固结和松散的岩石中，但为了能够排除储存在其中的能量的重要迁移，必须了解液压系统的相关知识。BTES 系统同样适用于岩层。图 3.3.1 为 BTES 系统截面示意图，图 3.3.2 显示了德国克赖尔斯海姆的 BTES 系统软管之间的连接。

3.3.3 洞穴热能储存（CTES）

CTES 系统利用人为的地下洞室或为热能使用而准备的天然洞穴，可能填充了高渗透性的支撑材料。CTES 系统主要推荐在高渗透性岩层中使用，这样来自存储区域外墙的对流热量损失就不会导致需要过度的保温。

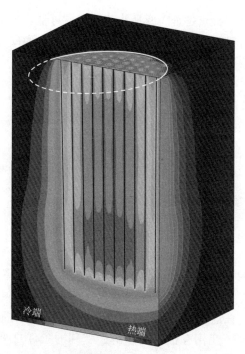

图 3.3.1 BTES 数值模拟（Sass and Mielke，2013）

（彩图见文末）

图 3.3.2 德国克赖尔斯海姆 BTES 系统在
完成修复工程之前的建设情况（Bauer，2008）

　　一个较小的地热井装置也可以用作储存系统。在这种情况下，在循环流作业中使用分离的钻孔对来储存和释放热量。引入的水通过天然的地下水流输送到生产井中。

　　太阳能、环境冷能或工业过程产生的热都可以储存。储存的能量应该及时回收利用，否则，时间拖长了，地下水的温度会变化。

第 4 章　立法原则

本章阐述了在欧洲地区通行的与浅层地热能项目相关的立法原则。读者应该明确地注意到以下事实，即在各个国家之间法律的执行措施可能有很大差异。

该法律框架一方面基本上由水立法决定，另一方面由自然矿藏法律条例决定。其他的法律条款也可能受到包括自然和景观保护、能源、建筑、土壤保护和防止排放保护等方面的影响。

4.1　水立法

4.1.1　欧洲条例

欧盟现行水立法规定的基础是关于地下水数量的水框架指令（指令 2000/60/EC）和关于地下水质量的地下水指令（指令 2006/118/EC）

保持地下水数量良好的条件是地下水的抽取量不超过补给率（抽取＝补给）。只有在不对地表水产生负面影响，也不对直接依赖地下水的陆地生态系统造成损害的情况下，才能抽取或抽降地下水。德国的《联邦水法》（WHG）和欧盟成员国的相应法律都已根据指令的规定进行了修改。

许多欧盟国家过去以不同法律为基础的法规已被纳入《水框架指令》。

关于化学条件的相关规定可见于 2007 年 1 月 16 日生效的《地下水指令》。这些规定也已被纳入国家法律中。

《地下水指令》的关键要素是地下水条件的描述、评估、分类和监测，以及地下水中污染物浓度显著和持续增加的确定和逆转。此外，该指令规定了防止或限制污染物流入地下水以及地下水状况恶化应采取的措施。

4.1.2 国内法律

各种需要使用地源热泵的场合都需要得到相关机构的批准。地热能源系统的建设和运行必须考虑的主要使用情况如下：

• 向水中排放物质，例如使用钻孔冲洗添加剂、钻井液、回填材料等。

• 地下水抽取和回注，例如双循环管。

• 通过运营地热能源系统，对地下水的物理、化学或生物特性造成危害。

批准程序允许在批准文件中包含适当的附加条款，以确保公共利益不会受到不利因素影响（例如，被泄漏的传热流体污染的地下水会危及供水）。

饮用水和治疗水源保护区

附加规定适用于饮用水和治疗水源保护区。在这些地区使用地热能时，涉及水和治疗水源保护区的相关法律的特殊规定相当于一项特殊批准要求。

通常情况下，在水源和修复水源保护区里建造和运行地热能源设施会受到限制，只有存在适当的地下水文地质条件时才允许建造和运行。例如当地热能源系统位于含水量低的含水层或不用作水源的含水层。在水和泉水保护区，根据水立法规定，没有获得建造许可证的合法权利。根据法律，许可证可以不加赔偿地吊销或者增加额外的处罚。

4.2 采矿法

根据国家矿业法，地热能可以被归类为"没有特许权状态的自然资源"，或者可以与土地所有权相结合。因此，地热能源的勘探和开采可能需要采矿许可证。矿产局的管辖范围通常在特定深度之上。

当所需地热能的数量不超过一定数量时，没有必要根据矿产资源法颁发许可证。然而，不管对于地热能源的勘探或开采是否需要采矿许可证，需要认识到，相应的采矿法律可能要求负责采矿的相关部门在开始钻井之前收到相关许可通知。

4.3　矿产资源法

除采矿法之外，还必须考虑涵盖地下自然矿藏的法律。自然矿产法规定，无论钻孔深度如何，代表自己或代表他人进行钻探的人员都有在开始工作前通知相关部门所有钻井信息的义务。虽然如此，履行根据自然矿藏法规通知钻孔信息的义务并不意味着其他领域法规的通知、许可和批准不再适用。

自然矿藏法规定由地质部门收集地质、水文地质和地球物理数据。这些部门准备并阐明这些信息，其目的是使钻井公司、工程顾问和开发商能够获得这些信息并且作为规划的重要依据。因此，在钻井工作之前要考虑特殊的地质或水文地质条件。

4.4　自然和景观保护

地热能源应用的建立和运行可以作为关于自然和景观保护法方面的一些代表项目。在这些情况下，在设计和建造地热能源设施时，必须考虑以下自然和景观保护法规。

4.4.1　欧洲"自然2000"生态网络

保护自然栖息地和野生动植物的指令（FFH，动植物栖息地指令）以及保护野生鸟类的指令构成了欧盟自然保护法立法的重要基础。根据 FFH，所采取措施的目的是保护或恢复社会聚焦的自然生态栖息地和保护野生动植物物种。保护野生鸟类的指令构成了整个欧盟保护所有本地野生鸟类物种的具体立法基础。这些指令有助于保护欧盟地区生物的多样性。

地热能源应用的建立和运行是上述指令意义上的代表项目。

在与负责景观事务的地方部门协商后，负责审批程序的部门检查并决定是否有必要根据 FFH 评估项目的影响。申请人必须提供文件和信息，以便评估该区域是否可能遭受重大的不利影响。

如果 FFH 兼容性评估显示该项目可能导致重大的不利影响，则在下一步审查豁免权的授予。在满足必要条件的情况下（没有导致不良影响减少的替代方案,公共利益方面存在有压倒性的令人信服的理由),豁免中还包括规定对侵占进行补偿以及保持欧洲"自然 2000"生态网络一致性措施的附加条款。

即使位于 FFH 或野生鸟类指令所涵盖区域之外的项目,在某些情况下也可能被视为对这些区域造成重大不利影响。例如,使用需要许可证或批准才可以采集的水,如果导致地下水位下降,也会对这些地区产生间接影响。因此,FFH 或野生鸟类指令所涵盖区域附近的项目至少需要进行初步调查,以检查该项目是否可能干扰各自区域的保护目标。如果不能安全地排除这种可能性,实际的 FFH 兼容性评估应旨在检查该项目是否会在对保护目标至关重要的成分方面对该区域产生重大的不利影响。

4.4.2 自然和景观保护

地热能源设施的建设和运行在某些情况下可被视为对自然和景观的侵占,因此需要获得批准。

改变土地的形式或用途,或改变与有机土壤层相连的地下水位,这些都会显著地损害生态系统的性能或者景观的外观,也都有可能意味着对自然和景观的侵占。还有在地上或地下铺设管道等。这种变更要求发起人申请相关部门的批准。如果项目还需要根据其他类型的法律获得相关部门的许可,则申请必须提交给根据其他类型的法律负责授予许可的部门。

补偿或补充措施的可批准性和规定取决于涵盖自然和景观保护事项的规定。

4.5 环境影响评估

在某些情况下,当在地下进行地热能源应用时,可能需要进行环境影响评估;但这仅适用于特别大型的安装。首要的是,对于作业井系统范围内的大规模地下水水位下降(第 3 章)和大规模集热器安装(第 7 章)有必要进行环境影响评估。评估包括确定和描述建设项目对需要保护的环境相关资产的影响。

审批机关决定是否需要对特定地热能源设施进行环境影响评

估。一般情况下，在初步审查期间，审批机关进行环境影响评估要求概述原始生态状况、项目对各自需要保护的资产（人、动物、植物、土壤、水、空气、气候和景观、文化和物质产品及其各自的相互作用）的影响，以及用来避免或补偿不利影响所计划采取的措施。

上述调查的结果被纳入项目评估中，并可能导致相应的附加条款被纳入相应的许可证要求上去。

4.6 非法定法规

非法定法规特别包括国际标准化组织（ISO）和欧洲标准化组织（ESO）以及相应国家的技术标准，这些标准反映了最新的技术水平。对于地热能源系统的规划、设计和安装，也有必要考虑这些最新版本的文件。

第 5 章　规划原则

对场地进行地质和水文评估是经济和生态安全长期作业的先决条件。因此，地埋管换热器（BHE）的规划、设计和施工只能由具备资质的公司进行。

从地面提取热量和向地面输送热量的关键参数是固结和未固结岩石的热导率 λ（$W \cdot m^{-1} \cdot K^{-1}$）和比热容 c_{sp}（$W \cdot s \cdot kg^{-1} \cdot K^{-1}$）。热导率的大小在干浮石（$\lambda < 0.2W \cdot m^{-1} \cdot K^{-1}$）与石英岩（$\lambda > 0.6W \cdot m^{-1} \cdot K^{-1}$）的值之间变化。

在地热规划过程中必须考虑以下问题：

（1）地质条件；

（2）水文地质条件；

（3）岩土工程条件；

（4）水化学条件；

（5）地热条件；

（6）建造服务限制；

（7）建造技术限制；

（8）批准方面。

有关地下条件的信息可以在地质和水文地质图上找到。在德国，可以从联邦州的地质部门和地区水务部门获得更多信息。在规划简单项目时，这些信息来源通常就足够了。更复杂的安装，困难的地质条件和位于水保护区的项目需要更加专业的顾问进行广泛的地质和水文调查，并可能需要数值模拟进行支持。困难的地面条件可以在例如喀斯特地区、采矿区、具有承压或多层地下水情况的岩层以及可能有逃逸的气体、构造活动区域或具有可疑污染的地点中找到。

在许多情况下，根据"通常已知的技术规则"的最低要求不足以在困难的地面条件下设计地热能源设施。要求提供最先进的解决方案。但是，必须始终遵守立法规定《采矿法》和《水立法》以及每个联邦州的具体规定。

地热能设备设计的关键是准确了解地下的地质和水文地质条件。针对位置和项目量身定制的 BHE 系统设计对于没有技术问题的经济运营是必不可少的。为了遵循法规和标准，规划团队必须至少获取和评估通常可获得的地质学、水文地质学和工程地质学的专业信息。

5.1 项目工作流程

HOAI（2013）给出的规定可以细分如下（特别是对于大型项目的安装）：

(1) 建立项目基础；

(2) 初步设计；

(3) 最终设计；

(4) 建造许可申请；

(5) 详细设计；

(6) 准备合同签订；

(7) 协助合同签订过程；

(8) 监督地热能系统的安装。

当出于批准立法的原因，设计工作和监督职责不能由同一团队执行时，这是特别可取的。

以下部分重点介绍地质、水文地质以及工程地质规划和设计的组成部分。下面列出了工作中的重要步骤，其描述并不是详尽的，在个别情况下可能存在差异。在这里，地质学一词总是被理解为包括一般地质条件以及特定的水文地质和工程地质条件。建筑服务的性能在 VBI 指南（2012）中有更详细的描述。

5.1.1 建立项目基础

1. 检查并提交批准情况；

2. 确定监管框架的当前要求；

3. 确定地方当局的规定和特殊用途（例如疗养水域的保护区，

其他优先事项的区域）；

4. 确定其他竞争用途；

5. 确定相邻地块所有者权利的情况；

6. 关于采矿和水资源权利的初步调查；

7. 检查并展示已知的地质条件；

8. 评估地质、水文地质和工程地质图；

9. 评估报告、钻探数据和其他现成的地质文件；

10. 评估有关现有污染和现有场地的土地登记数据；

11. 检查以确保地面没有弹药；

12. 确定有关现场调查和研究的当地要求；

13. 规划钻孔和其他勘探工作；

14. 规定有关土壤样品的要求（DIN EN ISO 22475-1，DIN EN ISO 14688-1，DIN EN ISO 14689-1）和地下水样品质量；

15. 检查 GRT/EGRT 要求；

16. 与其他相关专家协调，并指出可供选择的赠款和发展资金。

5.1.2　初步设计

初步设计是向项目开发人员展示可行的技术和经济解决方案，并提出建造和运行方面的首选方案。根据设计任务的难度，在此阶段可能需要绘图和书面报告。

5.1.3　最终设计

1. 确定当地情况；

2. 考虑地块的大小、车辆的可达性、植被等；

3. 对电缆和排水沟等地下服务设施的调查；

4. 各种地热系统的比较；

5. 检查地埋管换热器（BHE）类型；

6. 检查深层地埋管换热器（BHE）和 BHE 群组；

7. 检查井系统和配置；

8. 检查能源桩/热活性建筑构件；

9. 检查季节性地热能储存选择；

10. 检查地热能源篮/水平集热器；

11. 检查其他系统和组合；

12. 为不同系统建立空间要求；

13. 检查与其他可再生能源供应系统相结合的选项，例如太阳热能；

14. 生成可行性研究报告和盈利能力计算；

15. 一个设计变化的初步尺寸；

16. 尺寸的分析或数值验证；

17. 确定地面的热物理性能；

18. 热/冷羽流计算；

19. 设计系统；

20. 确定地热能系统中组件的数量、大小和深度（例如BHEs）；

21. 指定系统的部件（例如回填材料、换热器和传热流体的数据表）；

22. 显示热源的场地布局；

23. 指定钻井和建造方法；

24. 纳入安装的可批准性；

25. 确定成本和施工时间；

26. 澄清健康和安全问题；

27. 指定现场监理；

28. 建立运行中系统的计量监控；

29. 如果需要，执行 GRT/EGRT。

5.1.4 建造许可证申请

在德国，建造许可证申请必须满足联邦政府有关当局和适用法规（水或采矿）的要求。设计团队必须提供书面报告、图纸和计算结果。在许多项目中，有必要向当局亲自介绍和解释建造计划。

5.1.5 详细设计

1. 确定安装的可批准性；

2. 获得地役权和准入许可；

3. 准备水资源法的申请；

4. 生成钻井通知；

5. 生成建造申请；

6. 指定民法协议的参考资料；

7. 参考计算等以供正式批准；

8. 详细的施工计划；

9. 对于热输出大于 30kW，准备热量计算并允许 GRT 或 EGRT；

10. 对于深度大于 100m，考虑采矿法的相关事项；

11. 放样（例如钻孔位置和管道走向）；

12. 更新描述系统的文本和图纸；

13. 规划截止日期、成本和运作顺序。

5.1.6 准备合同签订和协助签订过程

1. 建筑和钻探工程的招标；

2. 指定招标类型（公开、选择性或协商）；

3. 制作招标文件；

4. 制作规范；

5. 数量估算；

6. 获得出价；

7. 检查和评估出价；

8. 检查和评估替代投标和提案；

9. 参与谈判；

10. 帮助准备合同签订的文本和图纸；

11. 准备合同条款；

12. 签订钻井和建筑合同；

5.1.7　监督和设置操作

1. 现场监督；

2. 建筑工地简报；

3. 监督钻探工作；

4. 比较预期和实际情况；

5. 指定设备；

6. 监督安装；

7. 监督回填工程、不透水性和材料的测试；

8. 替代方案：监督其他系统相关测试（例如井装置的抽水试验）；

9. 监督适当文件的提供（每日钻井日志、土层剖面、回填日志、材料证书等）；

10. 建造和调试的批准和文件；

11. 为审批机构制作最终文件；

12. 制作竣工图纸；

13. 正式接收建筑工程；

14. 确定缺陷；

15. 监督缺陷的整改；

16. 在调试和功能测试期间进行协助；

17. 指导用户；

18. 制定维护和使用指南；

19. 协助规划和执行测量和监测计划（如果当局有要求）。

5.2　BHE 装置的勘测要求

多年来，BHEs 的平均深度有所增加。预计现有建筑物内的分散式集中供暖/制冷网络数量的增加将导致热量输出为几百千瓦的系统数量增加，而这些系统获得批准的难度可能较大。因此，地质勘探工作越来越有必要。

地热类型 1-3（VBI，2012）概述了基本的勘测要求。BHE 的深度不能作为勘探工作必要性的唯一标准。

在规划更大或更复杂的地热能系统时，勘探钻孔通常是不可避免的。这样的钻孔通常在初步设计的基础上配备设备，以便它可以作为适当的地埋管换热器结合在最终的 BHE 群组中，也就是说，即使在勘探阶段，钻孔方法和钻孔直径必须与换热器的几何形状相匹配。

由于各种原因，不建议根据系统性能参数（例如 30kW 热输出）指定勘探和调查工作以及设计方法。例如，即使对于 20kW 系统的安装，当地的土质条件可能有很大差异，并且与技术性地面设备、建筑服务、使用要求和经济标准相结合可能导致非常苛刻的规划要求。另外，200kW 系统的规划可能相对简单。因此，地热类别是估算所需勘探工程量的起点。应始终根据具体情况确定设计方法、勘探工作量和更详细的调查，并在获得更多信息后进行更新。

在安装 BHEs 时，必须特别注意水文地质和水资源管理关系以保护地下水。地面条件可以分各种类别，用于下沉 BHEs 钻孔。水资源法的要求可能会导致一些限制条件（4.1 节）。

5.2.1　地热类型 1

1. 低规划要求，低热量输出；
2. 符合 DIN 4020 的简单地质土层和地下水条件；
3. 预计地热能系统与当地环境之间不会产生不利影响；
4. 无须特别批准。

5.2.2　第 1 类的勘探措施

1. 获取有关一般地质土层条件和当地地热能源安装经验的信息；
2. 估算地下水条件；
3. 比较通过地热利用获得的地质土层的知识与系统设计期间假设的地质土层条件。

5.2.3　地热类型 2

当由于普遍存在的边界条件而不能再将安装分配到第 1 类但不需要分配到第 3 类时，该类别适用。

5.2.4　第 2 类的其他勘探措施

1. 直接调查；
2. 在实验室或现场确定热物理参数；
3. 可在施工期间进行调查。

5.2.5　地热类型 3

1. 对概念、设计和操作有特别高要求的装置，高加热和冷却输出的装置；
2. 非常规地热能设备，例如存储系统或混合系统；
3. 根据 DIN 4020，不同寻常的或具有挑战性的地质土层和地下水条件；
4. 不寻常的热负荷情况；
5. 开放系统；
6. 不能排除与环境的不利相互作用。

5.2.6　第 3 类的其他勘探措施

1. 由规划团队以外的人员进行的额外检查和监督；
2. 对地质土层条件的预测；
3. 描述地下水的状况及其随时间的变化情况；
4. 确定地面的地热特性；
5. 开放系统：确定水文地质和水化学条件。

5.3　模拟传热的模型

为了避免设计误差，由于地热系统的长期摊销时间会对加热/冷却能源的生产成本产生非常重要的影响，因此有必要尽可能准确地预测不稳定的地热传输。因此，即使在设计更简单的 BHE 安装时，也建议采用适当的模拟。然而，这些程序的使用假定了关于地面及其热性质和流动模型所需参数等基本概念的发展。这个基本概念包括岩石的热导率和比热容以及地面的孔隙度、饱和度和温度（不受空气温度影响）。

如果不能使用文献中给出的经验值或其他值，则建议采用地热响应测试（GRT）。对于要求较高的项目或具有高采热能力的系统，强烈建议进行此类测试。此外，为了能够选择合适的模拟软件，重要的是事先确定地下传热主要是通过传导进行还是受地下水流动（传导＋对流）的影响。

对流传热仅在具有良好透水性和明显流速的位置才会显著。因此，具有极低水力梯度的高渗透含水层或具有低含水性的含水层可以仅采用传导进行模拟，这大大减少了所需的计算工作。另一方面，井系统必须始终采用耦合对流＋传导来模拟。用于各种情况的模拟器可分为规划、设计工具（可用于配置 BHE 系统）和数值工具。规划程序通常采用解析或半解析方法，而数值程序主要原理是有限元法（FEM）或有限差分法（FDM），并能够模拟地下三维流动耦合传热的复杂过程。

前一组主要适用于工程顾问或安装承包商，由于数值模拟涉及工作量，后者仅适用于大型装置。流动耦合模型应仅供水文地质学家使用或水文地质咨询专家使用。

从准备输入数据、执行、评估到可视化模型结果所需的时间从不到一小时到几周不等。虽然越来越多地使用优化参数的算法（逆向建模），但仅数值模拟所需的校准工作就占据了大部分时间。流动耦合传热的模拟是最耗时的设计方法，因为首先需要校准良好的地下水流模型作为起点。根据水文边界条件，地质水力模型可能必须覆盖比预期的热和水力的影响区域更大的三维区域。

在标准情况下，热量/冷量的提取是一个非常不稳定的过程，因此建议根据抽水试验的结果将流动模型校准为不稳定流动。只有完成这项准备工作后才能设置传热模型。

估算参数时最大的不确定性可能是总孔隙度和与流量相关的孔

隙度，因为水的比热容大约是岩石的 5 倍。孔隙率越高，地面对提取或输入涉及温度变化的能量的反应就越缓慢。然而，在某些情况下，这种系统惯性是需要数年才能在热量提取和热量补给之间存在合理平衡关系的原因。特别是这种现象导致过去很多系统的次优设计。对于完全基于热量提取的系统，这可能导致温度下降并且在几年的操作过程中系统效率降低。

在为地热能安装设定温度或者更确切地说是能量平衡时，各种热流都很重要：

1. 地面热流；
2. 太阳辐射；
3. 由于降水渗漏导致地下水补给；
4. 地下水传热；
5. 地热能源装置本身的传热；
6. 其他人为和自然热流。

解析方法不适合以足够的准确度编制温度评估。可以用数值计算程序进行定量测定热量下降锥和温度羽流的范围，这些数值程序可以模拟上述形式的热量输入和提取。这些计算对于陆地太阳过渡区以下的地面是有效的。

表 5.3.1 列出了一小部分程序，可用于设计 BHE 系统（规划工具）或模拟地下复杂的三维传热过程（数值模型）。基本上，使用类似的精细离散化，FEM 或 FDM 模型获得的结果之间没有显著的差异。然而，在非常复杂的几何形状模型的情况下，应该注意的是，由于 FEM 对建模区域的更灵活的离散化，FEM 模型（主要是三角形和正方形）涉及比 FDM 方法（正方形或矩形）少得多的数值工作。

用于设计地热能系统的规划工具和数值模拟模型

表 5.3.1

名称	Earth Energy Designer (EED)	Erdwärmesonde	Erdwärmekollektor	EWS	GWP SF 0905 (for Excel)	Engineering Equation Solver(EES)	Ground Loop Designer (GLD)	Groundwater Energy Designer(GED)
来源	www.buildingphysics.com	www.berndglueck	www.berndglueck	www.hetag.ch	www.um.baden-wuerttemberg.de	www.fchart.com	www.groundloopdesign.com	www.afconsult.com
方法	解析法/经验法	有限体积法	有限体积法	解析法/数值法	解析法			有限体积法
简介	BHEs 的设计工具	适用于 BHEs 的设计工具（仅限德语）	地热能源篮的设计工具（仅限德语）	BHEs 的设计工具	粗略计算地下水中的热/冷羽流	通用热动力学方程求解器	用于 BHE 群组和集群热需求的小时分辨率的分析计算软件，管道损失的计算，经济可行性分析，CO₂ 足迹	粗略的加热需求计算，井系统设计和地下水温度羽流计算
价格（约）	900 欧元	免费软件	免费软件	1200~2700 欧元	免费软件	450~900 欧元	3150 欧元	300 欧元

续表

名称	Geologic SF	FEFLOW	HEAT2/HEAT3 package	SHEMAT	SPRING++	TOUGH2/PETRASIM	TRADIKON-3D	RockFlow	Abaqus
来源	www.geologik.com/sf	www.feflow.info	www.buildingphysics.com	www.springer.com	http://spring.delta-h.de	http://esd.lbl.gov	www.bgu-geoservice.de	www.rockflow.de	www.simulia.com
方法		有限元法	有限差分法	有限差分法	有限元法	有限差分法	有限差分法	有限元法	有限元法
简介	数值有限元软件,2½D地热场模拟,考虑地下水影响,热量分布计算,用户定义的BHE布局,考虑HP曲线的能量平衡(仅限德国)	3D流动、质量和能量传输,包括预处理和后处理	3D能量传输,包括纯传导,处理和后处理	3D流动、具有反应作用的质量和能量传输、包括基于Processing Modflow进行预处理和后处理	3D流动、质量和能量传输,包括预处理和后处理	3D流动、能量和多相质量传输	3D流动和能量传输,包括水的相变、Fortran源程序和二进制程序	3D流动、质量和能量传输	3D FEM仿真套件(包括传热)
价格(约)	3000欧元	7000欧元	2000欧元	290欧元	5500欧元	3000欧元	免费软件	非商业用途的免费软件	

第 6 章　钻孔及完成

在建立地埋管换热器（BHE）系统时，必须兼顾经济性和生态性。标准和技术法规为开启建筑工程提供了依据，并为确保工程质量提供了指南。在德国，《建筑合同程序（VOB）—C：建筑合同的通用技术规范（ATV）——适用于所有类型建筑工作的一般规则》规定了项目参与者与涉及公共资金的项目技术规则之间的关系。这些规章和办法也经常适用于私营部门。VOB 包含了所有在客户和（钻孔）承包商之间的合同关系中的相关标准。

委托人或设计团队应检查承包商的公司记录和工作人员，以确保承包商有资格进行此类工作。例如，在德国，对承包商沉井作业的 DVGW W 120-2（DVGW，2012，2013）认证要求之一是负责人必须具备"井施工主管"的资格。对于浅层地热能源来说，这意味着它与一口下沉井是为了提取饮用水还是为了提取热量是无关的，均需满足上述规定。

安装封闭式地热能源系统所需人员的资格由德国地质学会（DGGV）和德国岩土工程学会（DGGT）的水文地质和工程地质专业部门负责。他们提供有关地热钻孔和安装封闭式换热器系统的培训课程（DGGT/DGGV，2010）。

即使在有些方面不尽人意，但是从整体上看，地热能开放系统和封闭系统的建设规则是非常全面的。宁豪斯和特雷斯卡蒂斯（Nienhaus & Treskatis，2003）出版了一本关于沉井的整套法规和标准的综合汇编，其中许多方面都与浅层地热能有关。

6.1　钻孔方法

DIN 18299 和 DIN 18300 是主要的标准，其中包括钻孔和钻孔设备的安装以及所有辅助操作。这两个标准为各种建筑工程和土方工程规定了普遍适用的条件，并适用于地基设备。

DIN 18301 规范适用于任何目的的钻孔；没有区分是井的钻孔还是地埋管换热器的钻孔。除非需要先打一个钻孔来调查地基，或主管部门有规定或特殊情况另有规定，否则，钻孔作业的顺序和钻孔方法的选择是承包商的事。如果钻孔方法（表 6.1.1）由客户或设计团队规定，则有关该方法适当性的风险也由客户负责。

钻孔方法概述 表 6.1.1

干作业钻孔				冲洗钻孔			
套筒式或无套筒		可压缩,无套筒		可压缩,套筒式		不可压缩,套筒式或无套筒	
旋转	驱动	冲击	抓取	旋转刮削	旋转冲击式切削	旋转刮削	旋转冲击式切削
螺旋钻，空心螺旋钻,单管岩心筒，旋转式泥浆螺旋钻	驱动芯,筒驱动,泥浆钻	带铰链阀锤的冲击式泥浆钻	抓取	翼状钻头	无芯钻头	翼状钻头,牙轮钻头,无芯钻头	无芯钻头

表 6.1.1 概述了最重要的钻孔方法。四种基本的钻孔方法是基于驱动、冲击、旋转和旋转冲击作用。地热应用中最重要的钻孔方法（分类是基于钻孔技术标准，因此并非所有直径都适合地热钻孔）如下：

（1）（旋转）螺旋钻适用于在松散岩石中钻孔，钻屑由旋转螺旋钻带出地表（典型直径为 63～350mm，深度通常为 15～20m）。

（2）在固结及非固结岩石上进行打钻及冲击打钻；这些方法适用的直径和深度各不相同。钢制换热器也可以直接打入（通常是气动）松软的土体中。

（3）在固结和松散岩石中采用旋转钻进，岩屑被泵打入井底的液体（钻井液）带到地表。台阶钻头、滚子钻头和纽扣钻头用于松动岩层。尽管旋转钻孔相对较慢，但它是实现较大深度的唯一方法（千米范围，最大直径 1m；小型钻机的典型直径为 89～300mm，深度为 100～300m）。

（4）（旋转式）潜孔（DTH）（旋转式）锤头用于钻进到非常硬的岩石。使用这种方法可以实现高钻速，但前提条件是具有强大的压缩机，因为需要压缩空气用于驱动锤头并运输钻屑（钻孔直径为 101～216mm，最大深度约 450m，这取决于压缩机输出）。也可以使用许多组合方法和许多基于气动潜孔锤原理的特殊方法（图 6.1.1）。

图 6.1.1　气动潜孔锤钻机台架（Sass，2012）

各种新的钻孔方法及其组合正在开发中，例如可控液压潜孔锤法或高频钻孔法（声波钻孔）。但是这些还不能被视为最先进的方法。

地热资源的钻探方法应根据该地区已有的钻孔和从勘探钻孔、地质图和文件中获得的资料来选择。值得注意的是，DIN 18301 钻井工程的土壤分类与 DIN 18300 不同。根据德国合同程序（VOB），钻孔工具的选择应在 DIN 18301 的帮助下进行。在 DVGW 的规定 W115（DVGW，2008）中对地下水抽采的钻井方法作了更详细的说明。

如果某种钻孔方法没有将岩屑机械地输送到地面（螺旋钻、铰链阀系统、抓取、岩心管），钻井液必须在钻杆和钻孔中循环，以清除岩屑。通常情况下，钻井液通过钻杆泵入井底，并通过环形空间返回地面，但也可能是相反的情况。水通常用于冲洗作用，但膨润土（处理过的）、纤维素产品、重晶石等形式的添加剂可以帮助支撑孔壁。当采用锤击钻进方法时，用空气冲洗。如果在覆盖含水层的土壤下继续钻孔，最后的几十米（这是中欧几乎所有区域的正常情况）之后，空气和水的混合物就会进入环形空隙。提升混有岩屑流体的原理符合气体升液泵的工作原理。

在德国，在地下水中钻孔的冲洗添加剂及其可能成分的生产和使用必须符合 DVGW W116（DVGW，1998）中的规定。在这种情况下，应注意的是，在钻孔过程中不使用冲洗剂（这是该规定强烈要求的原则），通常会对钻孔的稳定性、岩屑的清除和灌浆工作产生不利影响。因此，冲洗添加剂的使用必须在每个单独的案例下与项目组达成一致。

在翻新和充填钻孔等以及因任何原因不能安装设备的钻孔时，必须符合本条例。这些钻孔的回填和永久密封必须按照 DIN EN ISO 22475-1 进行。

6.2 钻孔设备

DIN 18302 规范了钻孔内安装设备的工作。该标准没有对开放式和封闭式系统作任何区分，但是标准规定，安装在钻孔内的设备必须不能对土壤和水造成污染。此外，必须预防多层地下水系统的含水层之间的泄漏（DIN18301，3.1.4）。如上所述，当涉及没有安装设备的钻孔井段时，应参考 DIN EN ISO 22475-15.5 节（回填和现场废弃）：

（1）一旦取样完成，特别重要的是恢复测试区，使其对公众、环境或动物不构成任何危险。回填必须按照国家规定、技术规范和有关部门的规定进行。此外，还需要考虑层序、污染和地基承载力。

（2）所有钻孔或探孔必须用栅栏围起来或暂时安全关闭，直至最后永久关闭或回填为止。

（3）如钻孔无须因特殊目的而继续开放，则应进行回填、密封及封闭，以免因回填物料的沉降而引致地面随后的下沉。

（4）钻孔通常应使用渗透率等于或低于周围土壤渗透率的材料

进行填充，以防止含水层的污染或与含水层的水力连接。在用悬浊液回填钻孔的地方，应使用导管。在引入回填材料时，料斗应小心抬起。如果回填可能影响未来的工程（如隧道），对回填材料的所有特殊技术要求都必须事先规定。在引入回填材料时，应注意不要产生空隙。

　　涉及在开放系统的钻孔中安装设备时，涵盖了地下水特性测量点的建设、运行的条例 W 121（DVGW，2003）和垂直过滤井的构造以及设备的条例 W 123（DVGW，2001）是一些有帮助的文件。在地热能钻孔中安装设备的处理方法与水井的处理方式不同，因为用于前者的 HDPE 和其他聚合物管道主要以卷轴连续长度供应，然后在钻井设备、起重机、挖掘机、脚手架等的帮助下直接下降到钻孔中。有时使用安装在带有内置驱动器的滑车滚珠轴承上的卷轴（图 6.2.1）。如果要在安装过程中避免对连续管道的损坏，则辅助安装的设备是必不可少的（表 6.2.1）。

图 6.2.1　装载用于双 U 形管 BHE 的 400m
长管的内置驱动卷轴滑车（Sass，2012）

BHEs 的连续管道安装辅助设备 表 6.2.1

安装辅助设备	目的
插入漏斗/帽	引导和保护套管顶部的管道
带分节的管道卷筒（可能有刹车机制）	控制单个/成组管道的插入（例如双 U 形管道），包括灌浆软管
稳定杆和定心杆	通过安装在底盖正上方的不可恢复的钢条（每根长度大约 2m）对管道进行矫直
安装配重	克服上浮力，拉直管道，安装在底部井盖下方（在某些情况下，稳定杆可以发挥这一功能）

一旦管道安装在钻孔内，就可以开始回填工作，并进行压力和流量测试。充填材料的性质和应用在 7.1 节中进行了说明。

6.3 钻孔垂直方向的偏离

钻机的安装是垂直起钻的关键。不考虑其他影响，如式（6.3.1）所示，钻井井架偏离垂直方向 2°造成在 100m 深度处与垂直方向的偏差约为 3.5m。

$$\Delta z = \frac{\sin\alpha_{bv}}{l_z} \tag{6.3.1}$$

式中 Δz——偏离垂直钻孔轴（°m^{-1}）；

α_{bv}——钻孔偏离垂直角度（°）；

l_z——钻孔长度/深度（m）。

图 6.3.1 说明了钻杆的轻微倾斜如何影响 BHE 在垂直方向的理论偏差。其他钻井技术的不准确性或地质条件可能导致更大的偏差。在实际中，钻孔偏离铅垂的程度不是式（6.3.1）所示的线性关系。偏差大小（角度、大小、弯曲半径等）更多地取决于钻孔方法的选择、钻杆、钻具及其操作、冲洗和使用，以及井下的具体情况。实际上，由于这些复杂的关系，垂直偏差的方向（偏离方位角）不是均匀的。具有部分螺旋或不规则几何形状的钻孔并不是无法确定的，可以使用钻孔记录方法（倾角记录、单幅图像、视频序列、测斜仪记录等）进行测量和记录。

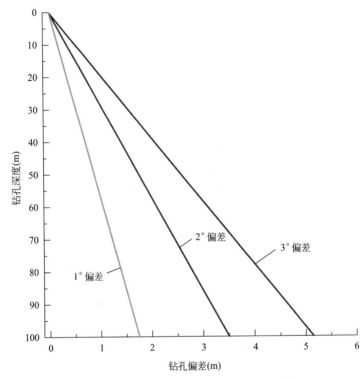

图 6.3.1 倾斜 1°、2°和 3°钻机的几何钻孔偏差
（忽略地质和钻孔技术对钻孔垂直度的影响）

在地热能源系统对垂直度要求较高的钻孔设计中，必须考虑某些情况。例如，规划的钻孔非常接近地块边界，或相邻地块的采矿权不应受到影响。

基本情况是，当使用非控制钻孔方法时，不能随时确定孔眼的位置，也不能准确地确定其方向。在已知钻孔将明显偏离垂直方向的情况下，使用稳定器可以大大减少垂直方向的偏差。在理论上，全长套管的钻孔比无套管钻孔的方向性要好。

在关键的几何规定要求钻孔必须非常精确的情况下，只能使用受控的钻孔方法，特别是"垂直"钻孔方法（如宾夕法尼亚法）。后者很少用于地埋管换热器。

一般情况下，钻杆越硬越厚，方向偏差越小，这是因为钻杆弯曲半径大。然而，这也清楚地表明，控制钻孔方向稳定性的不仅仅是钻杆的选择。在允许的钻杆弯曲半径范围内，一般情况下，刚性钻杆甚至会产生非铅垂线效应。对于某些其他钻杆类型，可能存在相当大的偏差。钻杆严重弯曲的后果是钻杆不受控制的弯曲和随之而来的钻具方向的改变。

弯曲半径为10m，意味着在对不稳定钻杆施加足够压力的情况下，如果地质地层允许这种偏差，理论上，钻具的方向可以在10m内转动90°。类似于HDD（水平定向钻井）的控制钻孔方法，专门利用钻杆的弯曲来确定钻孔轨迹的几何形状。

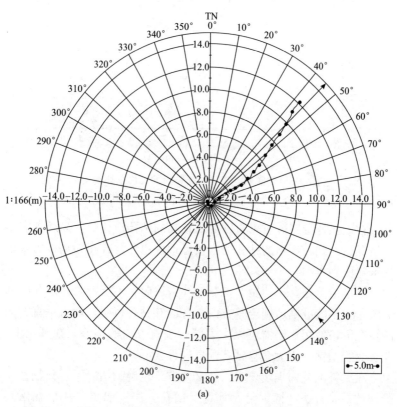

(a)

图6.3.2 用DTH锤打孔法对BHE井眼垂直度进行校核，可以看到，在顶部大约15m的地方使用了临时导管（Heske，2009）（一）

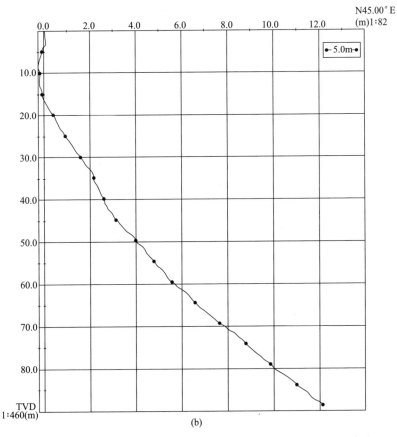

图 6.3.2　用 DTH 锤打孔法对 BHE 井眼垂直度进行校核，可以看到，
在顶部大约 15m 的地方使用了临时导管（Heske, 2009）（二）

　　钻孔工具的选择对钻孔偏离预定位置的大小也有很大的影响
（图 6.3.3～图 6.3.5）。因此，使用经过批准的钻杆（如 API 批准
的钻杆）是高质量作业的基本要求。

　　由于地埋管换热器孔眼轮廓较窄，限制了稳定器的使用。因
此，在钻孔过程中控制钻孔方向的选择是非常有限的。图 6.3.2 展
示了未采取特殊防护措施的严重偏离情况。从图中还可以看出，临
时导管的使用确保了钻孔在管道上方比在管道下方垂直得多。许多
地热钻孔在没有导管的情况下工作是不可行的，因为在这种情况下，

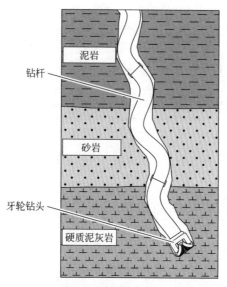

图 6.3.3　无稳定器钻进示意（Schiessl and Mielke，2012）

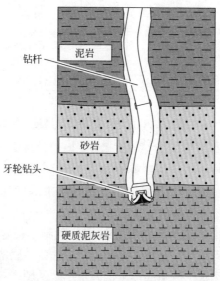

图 6.3.4　具有较小的钻杆弯曲半径的控制垂直钻井方法

选择合适的钻杆、井口和钻进方式（Schiessl and Mielke，2012）

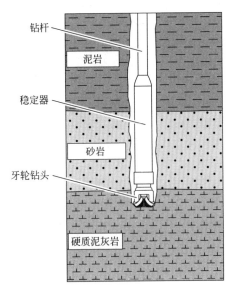

钻杆

泥岩

稳定器

砂岩

牙轮钻头

硬质泥灰岩

图 6.3.5　带稳定器的钻杆示意（Schiessl and Mielke，2012）

地层边界常常被破坏。导管通常在第一层承压水层以上使用。导管深度的全球规则是不合适的。在难度较大的岩层中，使用合适的临时套管往往是钻孔工程中唯一能通过钻孔方法实现对方向进行一定控制，保证钻孔稳定性，防止或控制岩层的膨胀、收缩和溶蚀反应。

对于上层承压地下水，采用全套管钻孔是唯一可行的技术方案。导管应放置在承压地下水上方的封闭地层中，并在导管周围永久注浆，以形成水力密封。在此之后，（如果有必要）可以使用防喷器、重泥浆或在承压地下水中施加反压来进一步向深处钻进。这里应该提到的是，地热能系统原则上不应沉在自流井中，因此在大多数情况下得不到监管部门的批准。

更高的临时导管弯曲强度和更窄的环形空间，在大多数情况下可将钻孔的偏离度减小到小于1%。

由于地质原因（图 6.3.6 和图 6.3.7），不能完全排除钻具漂移的可能性，这将导致一些困难，例如，当钻机没有正确安装好，或者使用的钻杆直径不足时。在岩层中，随着地层的变化变多，小直径钻孔的方向会失去控制（图 6.3.8）。

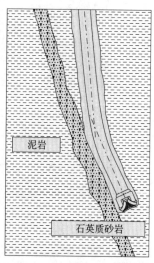

图 6.3.6 岩层变化引起的钻孔偏移：由于承力层的角度变化
较陡，钻头会跟随相应软弱地层移动（Sass and Mielke，2012）

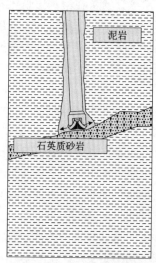

图 6.3.7 在岩层变化角度较小时，随着承力层的变化，钻孔会扩孔，
钻具会有初始偏移：当承力层与水平方向夹角较小时，钻头向这个
方向倾斜，并穿过坚硬的地层（Sass and Mielke，2012）

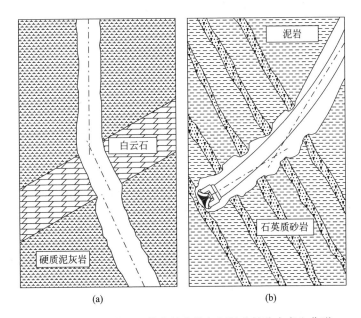

图 6.3.8　(a) 岩层承载力的变化如何导致钻孔内产生曲形
通道；(b) 由于钻孔工具经过几个强/弱持力层的变化而
引起的钻孔偏移 (Sass and Mielke，2012)

6.4　地质及水文地质的影响

　　由于德国大部分地区的地下水接近地表，所有地埋管换热器 (BHEs) 几乎毫无例外地都会侵入地下水。为了减少钻孔数量，从而减少侵入体数量，建议将数个浅层 BHEs 替换为几个相应较深的 BHEs。仅从保护地下水的角度出发，只要较深的钻孔不经过较深的地下水蓄水层，这种方法是合理的。广泛使用的设计软件—地球能源设计师 (Earth Energy Designer，EED) 可以比较各种几何形状和深度的 BHE 群组。基于简单假设 (EED，3.16，2010) 的样本计算表明，例如，在一个假设的案例中，从大约 60m 变化到 155m 的深度可以将 BHEs 的数量从 20 个减少到 8 个，而不会改变项目的性能数据 (表 6.4.1 和表 6.4.2)。

简化的地质条件及用于样本计算的相关设计值[a] 表 6.4.1

岩体性质	厚度(m)	热导率(平均值) (W·m^{-1}·K^{-1})	比热容 (MW·s·m^{-3}·K^{-1})
长石砂岩	30	2.5~3.7(2.9)	2.0
花岗岩	200	2.1~4.1(3.4)	2.4

[a] 100~200m 标准段算例的计算设计值：热导率：3.3W·m^{-1}·K^{-1}；比热容：2.3MW·s·m^3·K^{-1}；地下温度：10℃；热流：0.08W·m^2；仅加热（1800h·a^{-1}：100kW（180MWh）；热泵的季节性能因子（SPF）：3.0；双 U 形管 BHE，PE，DN32，PN10；BHE 间距：10m；BHE 排列在开放的矩形中。

开放矩形排列的 BHEs 内 BHE 深度的变化情况 表 6.4.2

BHEs 的数量	单个 BHE 深度(m)	BHEs 总长度(m)
8	155.3	1242.5
12	107.4	1288.5
16	80.2	1283.5
20	62.5	1251.5

以 100kW 的供热量作为样本计算的基础，基本满足 12~15 栋联排式住宅或 1 栋小型写字楼的需求。如果钻孔的最小中心间距（由于钻孔技术原因）在钻孔加深时不低于 10m，则更深处的变化也减少了阵列的影响面积。

当开挖更深的钻孔时，出于技术原因，钻孔不能低于 10m 深，较深处的变化也会减小地埋式换热器阵列影响的区域。一般来说，随着深度的增加，出于安全考虑，宜选择更大的孔距。

较深的钻孔必然需要更大的钻孔设备，这意味着未来的质量保证措施也必须在竞争条件下进行。然而，除了单纯的数值优化外，地质条件对不同深度的 BHE 的可行性也有很大的影响。

当涉及深度时，主要用于固结岩石的潜孔锤钻进方法在很大程度上依赖于驱动气锤所需的压缩机输出。除非使用额外的技术设备，例如进一步压缩压缩机排出的压缩空气的助推器，否则大约250~300m 是这种方法的最大深度。

一般来说，较深的钻井通常就需要使用旋转钻孔方法，并且要采用更多的钻孔技术措施。液压潜孔锤钻进技术的重大进展使我们认为，将来，非取心钻进到较深处的方式对于 BHE 钻孔来说在经济上也是有吸引力的。采用水力潜孔锤法进行方向控制在技术上也是可能的。采用气动法和其他单芯钻井方法，在钻进过程中不可能控制垂直度，而且修正方向的选择非常有限。然而，控制钻孔的成本非常高。在某些地质条件下，垂直偏差在某些情况下是很大的，例如在德国西南部施陶芬小镇的 BHE 钻孔损害索赔中证实的垂直偏差（LGRB，2010），只能通过更大的技术投入来减少偏差。

然而，潜在地质风险的重要性随着 BHE 深度的增加而增加。与 BHE 钻孔所经过的岩层的相互作用（如在施陶芬发生的 BHE 钻孔所引发的"石膏基普尔膨胀"）会造成相当大的财产损失。因此，由于钻孔数量众多，也对质量保证提出了很高的要求。

质量保证措施可以在计划阶段就提出并具有较大的成功概率。在此必须区分，在确定项目的基础或初步设计阶段，从有关的地球科学信息获得的资料是否已经明显提到批准或建造阶段的危险因素。通常情况下，这种状况原则上只表明发生危险情况的可能性。因此，批准文件是根据条件制定的。如果地质风险因素在审批过程中已知或核实，则主管部门要么对具体的技术规定负责，要么拒绝使用 BHEs 开发地热能源。

一旦钻探开始后发现地质风险，往往需要立即做出正确的工程决策。因此，强烈建议由独立人员进行现场监督，但由于费用高昂，这种做法往往不被采用。

在 DIN 4020 中，岩土工程风险被划分为地基风险，因此客户有责任承担。原则上，客户可以通过指定合适的设计办公室来限制他们对地基条件评估不足的直接责任。

表 6.4.3 列出了一些重要地质特征的例子，并对质量保证措施提出了建议。更详细的信息也可以在斯图加特市环境保护办公室发布的指南中找到（AfU，2005），作为城市内的疗养以及矿泉水保护区需要特别的关注，以避免使用冲突。如果施工现场没有技术和后勤上的准备，有时问题是无法避免的。规划和批准阶段必须包括

对地质条件的相应评估。但是，钻孔承包商仍有通知的义务。应指派一名专门的工地经理处理表 6.4.3 所列的危险个案（并非一般情况）。9.2 节评估了各种地质风险。

地质风险特征及准备措施和在施工阶段应
采取的技术对策（钻孔、特殊管道安装、回填）　表 6.4.3

地质特征	预防措施	技术措施
多层地下水系统	导管,套管井,选用合适的防喷器,预处理钻井液	插回第二层,装上其他较浅的地埋式换热器
承压地下水	导管,套管,选用合适的防喷器,预处理钻井液,排水	用挤压胶结封堵进水区,改为同轴地埋管,必要时完全封堵井眼,或配合其他较浅的封井口
环境污染物	只在合理的、特殊的情况下设立 BHE	立即停止钻探,查明原因
热矿水	参见"承压地下水"、使用抗回填材料和 BHE 材料	见"承压地下水"
高盐度水、盐水	套管井,现场分析,选用合适的耐蚀材料	用挤压胶结封堵进水区
变化的水力势能	导管只有面积随压力波动,可用手段抵消钻井液损失	如有必要,封住钻孔,使其具有最高的水力势能
岩溶岩	采用钻孔冲洗法、导管冲洗法	封堵岩溶注地,不适合装置 BHE,可能适合在较浅的位置安装
具有膨胀和隆起潜力的易溶岩层	套管钻进方法的选择,钻井液成分的选择和冲洗工艺的选择	用抗回填材料密封气密区域,相应地降低深度,以便进一步进行 BHEs
界面结构明显,岩性不均一	选择有方向监测的钻孔方法,提供垂直度测量	通过使用合适的稳定剂、卡箍等,尽可能减小钻孔偏差,可以停止钻探并关闭钻孔
变化的岩层	选择柔性钻进方式,选择较大的导管	可使用钻孔照相,采用套筒钻杆确保崩落开采面的安全
进气	可用气体测量仪和防喷器,避免在挖掘区钻孔,提高了健康和安全要求	设置防喷器,关闭钻口,可在较浅的位置安装 BHEs

如果项目团队没有意识到表 6.4.3 中列出的地质风险，或者团队人员的应对不正确，可能会导致相当大的问题。通常只有当套管被打入流入区，钻孔液以一种使蓄水层堵塞的方式凝结时，才有可能防止承压水不受控制地逸出。当钻探到自流地下水时，所有相关人员（设计人员、承包商和监管部门）即时的应对行为是至关重要的。除此之外，还有一些钻孔技术条件，如果经过专业处理，必将优化质量控制。如下所示：

（1）保持垂直钻孔；

（2）避免或处理钻孔液/回填料的损失；

（3）调整钻孔液/回填料；

（4）在岩石承载力变化时直径的微小变化；

（5）适应地质风险的设备；

（6）使用临时套管；

（7）在合适的地面条件下，将 BHE 管道集中在钻孔内；

（8）记录回填混合料的情况。

当然，这些措施的实施需要合格的监管和商业人员（规范 DVGW 条例 W120-2）。上述方法使一些业务和活动得以开展，这些业务和活动大大提高了建筑和业务的质量。至少在松散岩石的最上层，最好是在多层地下水系统中，设置一根永久性导管，以便在出现无套管钻孔无法解决的问题时，能够采取一整套钻孔和设备措施。强烈建议在钻孔时安装防喷器。

6.5　反应测试方法

文献中一般将地热（热）响应试验简称为 GRT（TRT），将增强型地热响应试验方法简称为 EGRT。同时，响应试验方法已发展成为规划和检查 BHE 系统的通用调查方法。地热现场调查的首要目的是就地确定地热能装置设计的参数。这些参数如下：

（1）不受气温影响的地面温度 ϑ（℃）；

（2）地面的有效热导率 λ（$W \cdot m^{-1} \cdot K^{-1}$）；

（3）钻孔热阻 R_T（$K \cdot W^{-1}$）；

（4）体积比比热容 $\rho \cdot c_{spp}$（$W \cdot s \cdot m^{-3} \cdot K^{-1}$）；

(5) 平均线性地下水流速 V_{av} （m·s^{-1}）。

近年来发展起来的各种测量技术，往往只能选择测量上述参数的一部分，它们通过各种测量和评价方法对上述参数进行一定的选择。对于典型的方法，只有"温度"和"流量"参数才能在测量点直接测量。地热参数是由这些物理数学概念推导出来的。根据测量方法的不同，这些参数要么在 BHE 的整个长度上测量，要么在一定的深度上确定，要么作为深度的函数。除了各种测量仪器和技术参数外，还采用了各种数学评价方法和物理模型。针对某一地热勘探任务，应选择合适的测量和评价方法。

6.5.1　GRT 的概念及测量原理

使用外部热源（图 6.5.1 和图 6.5.2），通常输出功率为 3～12kW，传热流体通过环路中现有的 BHE 泵入。当它穿过地面时，传热流体被冷却，并且冷却量被测量出来（Sanner，Reuß and Mands，1999）。测量结果是地埋管换热器入流端和回流端流体的温差，这对于评估测试非常重要。

测量传热流体的循环流量以及流入和流出的温度，并在每种情况下绘制与时间的关系图（图 6.5.3）。用这种方法测量了 BHE 总长度上的平均温度降落。只有通过使用额外的温度传感器或光纤测量才能区分 BHE 内部的温度变化过程（例如 EGRT）。为了监测整个试验过程，需要对 GRT 机组的加热输出量和环境温度随时间的变化逐时测量。

6.5.2　评估

开尔文的线源理论（1878）以非线性指数的形式出现，这是不稳定的传热，传热函数（Hellström，1997）形成了评估 GRT 的基础。

$$T(r,\ t) = \frac{q_{sp}}{4 \cdot \pi \cdot \lambda} \int_{r^2/4 \cdot a \cdot t}^{\infty} \frac{e^{-u}}{u} du = \frac{q_{sp}}{4 \cdot \pi \cdot \lambda} E_i\left(\frac{r^2}{4 \cdot \alpha \cdot t}\right)$$

$$(6.5.1)$$

式中　$T(r,\ t)$ ——时间为 t 时刻，距离为 r 时的地下温度（K）；

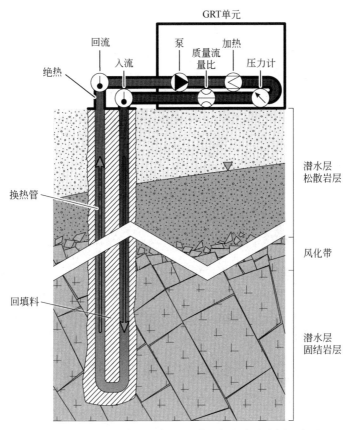

图 6.5.1　GRT 示意图；仅以地质和水文关系为例，为了
清楚起见，省略了对 GRT 单元的内部隔热（Lehr，2012）
（彩图见文末）

q_{sp}——热通量（$W \cdot m^{-2}$）；

λ——热导率（$W \cdot m^{-1} \cdot K^{-1}$）；

r——观察点距离线源中点的距离（m）；

α——热扩散率（$m^2 \cdot s^{-1}$）；

t——时间（s）；

u——积分变量；

E_i——指数积分。

基于线源理论，积分函数可以近似为：

图 6.5.2　紧凑的移动 GRT 单元（TU Darmstadt，2013）

$$E_i\left(\frac{r^2}{4 \cdot \alpha \cdot t}\right) = \ln\left(\frac{4 \cdot \alpha \cdot t}{r^2}\right) - \gamma \tag{6.5.2}$$

其中 γ 是 Euler-Mascheroni 常数（0.57722）。

为了得到这个函数的一个可用的解，必须转化为半线性形式：

$$T(r, t) = \frac{q_{sp}}{4 \cdot \pi \cdot \lambda}\left[\ln\left(\frac{4 \cdot \alpha \cdot t}{r^2}\right) - \gamma\right] \tag{6.5.3}$$

理想化的线源函数，假定远离线源为准稳态传热，之后要适应 BHE 中的真实边界条件，并需要一些简化假设：

地下温度由平均流体温度 $T_f(t)$ 代替。

不受空气温度影响的地面温度 T_0 由现场确定或通过估算取得。

测量距离等于钻孔的半径（$r = r_b$）。

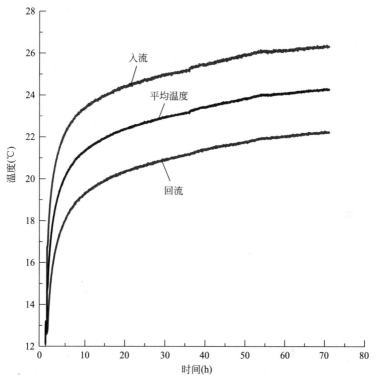

图 6.5.3　入流和回流温度的时间演变加上 GRT 期间
传热流体的平均温度（Büro Boden and Grundwasser，2010）

在流体和钻孔侧壁之间引入热传递阻力 R_b。

有效热导率 λ_{eff} 作为平均值并确定有效热扩散率 α_{eff}。

$$T_f(t) - T_0 = \frac{q_{sp}}{4 \cdot \pi \cdot \lambda_{eff}} \left[\ln\left(\frac{4 \cdot \alpha_{eff} \cdot t}{r_b}\right) - \gamma \right] + q \cdot R_b$$

$$(6.5.4)$$

$$T_f(t) - T_0 = \frac{q_{sp}}{4 \cdot \pi \cdot \lambda_{eff}} \left[\ln\left(\frac{4 \cdot \alpha_{eff}}{r_b^2}\right) + \ln(t) - \gamma \right] + q_{sp} \cdot R_b$$

$$(6.5.5)$$

$$T_f(t) - T_0 - q \cdot R_b = \frac{q_{sp}}{4 \cdot \pi \cdot \lambda_{eff}} \left[\ln\left(\frac{4 \cdot \alpha_{eff}}{r_b^2}\right) + \ln(t) - \gamma \right]$$

$$(6.5.6)$$

时间的对数 $\ln(t)$ 由标准化时间 $\tau(t)$ 代替：

$$T_{\mathrm{f}}(t) - T_0 - q_{\mathrm{sp}} \cdot R_{\mathrm{b}} = \frac{q_{\mathrm{sp}}}{4 \cdot \pi \cdot \lambda_{\mathrm{eff}}} \left[\ln\left(\frac{4 \cdot \alpha_{\mathrm{eff}}}{r_{\mathrm{b}}^2}\right) + \tau(t) - \gamma \right]$$

(6.5.7)

$$\lambda_{\mathrm{eff}} \cdot \left[T_{\mathrm{m}}(t) - T_0 - q_{\mathrm{sp}} \cdot R_{\mathrm{b}} \right] = \frac{q}{4 \cdot \pi} \left[\ln\left(\frac{4 \cdot \alpha_{\mathrm{eff}}}{r_{\mathrm{b}}^2}\right) + \tau(t) - \gamma \right]$$

(6.5.8)

$$\lambda_{\mathrm{eff}} = \frac{q_{\mathrm{sp}}}{4 \cdot \pi} \frac{\ln(4 \cdot \alpha_{\mathrm{eff}}/r_{\mathrm{b}}^2) + \tau(t) - \gamma}{T_{\mathrm{m}}(t) - T_0 - q \cdot R_{\mathrm{b}}}$$

(6.5.9)

表达式 φ 对应于传热流体平均温度相对于标准时间绘制 GRT 测量的回归线的梯度。

$$\varphi = \frac{T_{\mathrm{m}}(t) - T_0 - q \cdot R_{\mathrm{b}}}{\tau(t) + \ln(4 \cdot \alpha_{\mathrm{eff}}/r_{\mathrm{b}}^2) - \gamma}$$

(6.5.10)

然后评估函数可以简化为：

$$\lambda_{\mathrm{eff}} = \frac{q_{\mathrm{sp}}}{4 \cdot \pi \cdot \varphi}$$

(6.5.11)

图 6.5.4 显示了使用随机 GRT 测量示例的评估线。

桑纳，雷乌尔和曼德斯（Sanner，Reuß and Mands，1999）建议根据埃斯基尔森（Eskilson，1987）通过使用式（6.13）的最小时间 $t_{\min}$ 估算测试的必要持续时间。

$$t_{\min} = \frac{5 \cdot r^2}{\alpha}$$

(6.5.12)

由于 GRT 直接在 BHE 处产生总热阻，因此与实际地质数据的相关性对于设计 BHE 群组非常重要。建议使用岩心钻探方法钻探 GRT 所需的钻孔，并对其进行全面的岩土工程和地热检测，以便能够将结果外推到空间。

根据线源理论评估的文献中最小 GRT 时间建议在 $30 \sim 100\mathrm{h}$ 变化。但是，测试应该持续到测量结果证实得到准稳态关系时停止。只有在一定的地质和设备条件下，测试时间才可能小于 30h。必须用圆柱源理论或数值方法对测量结果进行评估。

传统的 GRT 只能在水化热或其他人为热影响因素（钻井或地

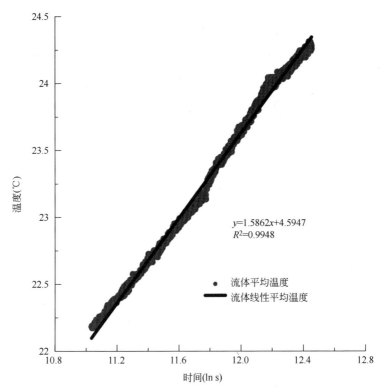

$y=1.5862x+4.5947$
$R^2=0.9948$

• 流体平均温度
━━ 流体线性平均温度

图 6.5.4　评价 GRT 结果的回归实例（Büro Boden and Grundwasser，2010）

下水抽取）消退后才能开始。例如，对于直径为 150mm 的钻孔，预计要等一周的时间，井眼周围地区的自然温度条件才会得到恢复（Homuth *et al*.，2008）。

6.5.3　钻孔热阻

GRT 决定整个系统的热阻，但无法直接确定岩石属性；然而，可以得出间接结论，钻孔半径 R_b（Sanner，2002）的热阻在狭义上的意义是钻孔内所有设备对 GRT 影响的结果。根据钻井方法和岩层性质，钻井活动干扰了钻孔附近的水力传导率和热导率。这个被称为表层区域的区域通常被回填悬浮液部分渗透（图 6.5.5），这改变了钻孔的热阻。将其分为多个单体热阻，因此我们得到式（6.5.13）。

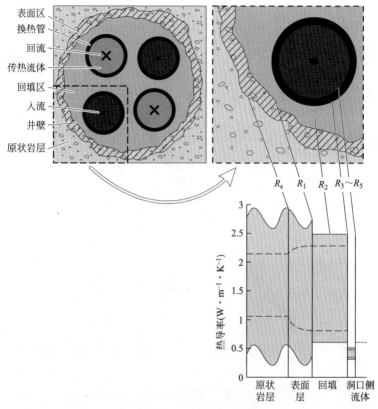

图 6.5.5 双 U 形管 BHE 与相关部分的部分热阻截面示意图（无动态热阻）
（据 Sass，2007 重绘）

$$R_b = R_1 + R_2 + R_3 + R_4 + R_5 + R_s \qquad (6.5.13)$$

式中 R_b——钻孔热阻（K·W^{-1}）

R_1，R_2，R_3，R_4，R_5——单体热阻（K·W^{-1}）

R_s——表层热阻（K·W^{-1}）

    表层热效应可以有正负效应。例如，如果钻井液从钻孔周围的岩层中冲洗出细小的材料，并且高导热性的回填悬浮液能够渗透孔隙，则热阻降低。因此，在这种情况下，表层热效应为一个负值。根据沉井和勘探井的经验，预计表层效应对总热阻 R_b 有明显的影响，影响的数量级约为 20%。因此，钻井方法对热效率有很大的影响，它是一个重要的设计要素。

6.5.4 在 GRT 的帮助下进行质量控制

在解释 GRT 数据时，钻孔中的 BHE 是否处于中心位置也起着相当大的作用。由于 HDPE 管道是由卷筒直接安装的（图6.5.19），因此，必须假定不可能保持管子与井壁之间预定的间隙。此外，还必须假定管道在离散的点或一定距离内直接相互接触（Sanner，2002）。

管道之间的距离影响热阻。桑纳的研究表明，将该距离减半几乎可以使钻孔的热阻加倍。如果式（6.5.14）对 R_b 重新改写，且有

$$\dot{q} = \frac{Q}{l_{be}} \qquad (6.5.14)$$

式中，l_{be} 为有效的 BHE 长度（m）；Q 为冷量输出（W）代替单位采热率 q，那么结果就是常规形式的钻孔热阻的公式。

$$R_b = \frac{l_{be}}{Q}[T_m(t) - T_0] - \frac{1}{4 \cdot \pi \cdot \lambda}\left[\ln(t) + \ln\left(\frac{4\alpha}{r_s^2}\right) - \gamma\right] (6.5.15)$$

其中 r_s 是 BHE 钻孔的表层区域的半径（m）。

在有地热参数的地方，GRT 结果可用于检查 BHE 设备的质量，而不仅是用于预期的 BHE 的进一步设计。由于像钻井过程的缺陷等导致的老化现象，钻井热阻会随着时间的推移而变化。图 7.1.15 和图 7.1.17 显示了一些缺陷的示例，由于回填悬浮液渗透不充分或脱水收缩会导致裂缝。回填材料在一定的延迟后脱落可能是由于缓慢的凝结过程导致的，并且可以在修正后的钻孔热阻中表现出来。例如，R_b 可以在回填土悬浮液分离后增加，如果存在明显的垂直渗透，则会减少。后者可以表明渗透明显时可能会产生水的对流运动。

如果未设计用于冻融循环的 BHE 仍然在霜冻线以下运行，则回填材料可能被破坏并因此导致热阻的改变（7.1.3.7 节）。

如果回填材料的耐化学腐蚀性不足，则与地下水的化学反应会导致热阻的变化。

GRT 是在建成条件下确定 BHEs 完整性和正常功能的主要原位测试，因此，可以用于评估地热能源设施的经济可行性（地热尽

职调查）。

6.5.5　评估不稳定的 GRT 数据

根据圆柱源理论（Sass and Lehr，2011）对 GRT 进行非定常评估，提高了评估的准确性，因为在评估中考虑了径向和轴向热流。此外，评估方法缩短了标准测量的测试时间，因为测试段也可以用瞬态径向热流进行评估。在未来，GRT 测量的重要性将变得更加突出，这也是地热尽职调查的原因。必须检查和评估以地热能源系统为基础的供暖和供冷系统的性质，以确定其长期的功能和效率。

线源理论最初是由开尔文（1860/1861）提出的，用来计算埋在地下的电力电缆周围增加的热量。英格索尔和普拉斯（Ingersoll & Plass，1948）采用了开尔文的方法，并将其应用于单 U 形管 BHEs。

线源方法在实际设计中有很大的局限性。这种评价方法只能确定被测系统的热导率。由于线源方程中的一项被测量曲线的梯度所代替，因此无法评估体积比热容。而且，这种方法假定了在 BHE 的整个测量过程中都保持恒定的热量输出。还应注意，在开始 GRT 之后测量的数据与准稳态热流的条件不对应，应从评估中排除（最小时间准则）。

将测量曲线的过程（图 6.5.6）分为：

（1）启动 GRT 后的非稳态导热；

（2）准稳态径向导热（直线段）；

（3）由于周围岩层边界条件的变化引起的变导热过程。

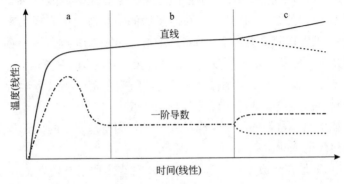

图 6.5.6　典型 GRT 测量曲线及其一阶导数示意图（Lehr，2012）

与地下水抽水试验类似，测量曲线的开始详细揭示了 BHE 结构的质量。这意味着评估测试的这一阶段以及评估其中包含的信息也是必要的。比如，这一阶段的试验中体现出的钻孔施工和回填的影响。

6.5.6　圆柱源法

卡斯劳和耶格（Carslaw & Jaeger，1986）提出了一种计算固体材料热流的通用方法。该理论利用格林函数来计算与具有一般形式热源的离散距离处的温度。这一通解假定在具有相同温度的均匀各向同性材料内的瞬态三维热传导为边界条件，如式（6.5.16）所示。

$$\Delta \nu(x,y,z,t) = \frac{1}{c_v(\pi\alpha)^{3/2}} \int_0^t \mathrm{d}\tau \int_{-\infty}^{\infty} \mathrm{d}\xi \int_{-\infty}^{\infty} \mathrm{d}\psi \int_{-\infty}^{\infty} \mathrm{d}\zeta$$

$$\cdot \frac{\dot{Q}_v(x-\xi,y-\psi,z-\zeta,t-\tau)}{(t-\tau)^{3/2}} \cdot$$

$$e^{-[(x-\xi)^2+(y-\psi)^2+(z-\zeta)^2]/4 \cdot \alpha(t-\tau)} \quad (6.5.16)$$

式中　$\Delta\nu$——温度变化（取决于时间和空间）；

x，y，z——空间坐标；

t——时间；

c_v——体积比热容；

α——热扩散率；

ξ，ψ，ζ——取决于方向（x，y，z）的温度函数；

$\dot{Q}_v$——比热量输出。

离散几何形状（点，线和圆柱）的解可以从这种一般形式的热传导方程导出，由于 BHE 与其直径相比相对较长，英格索尔和普拉斯（Ingersoll & Plass，1948）使用线源方法初步计算 BHE 的热力行为。出于实用性的原因，他们采用了一维计算，没有通过 x 坐标和 y 坐标的积分。线源方法的指数积分不存在离散解，如式（6.5.17）所示。

$$\Delta\nu(r,t) = \frac{\dot{Q}_{ah}}{4 \cdot \pi \cdot \lambda} E_i\left(\frac{r^2}{4 \cdot \alpha \cdot t}\right) \quad (6.5.17)$$

英格索尔和普拉斯使用了解析近似解，如式（6.5.18）所示。

$$T_{\mathrm{f}}(t)-T_0=\frac{\dot{Q}_{\mathrm{ah}}}{4\cdot\pi\cdot\lambda}\left[\ln\left(\frac{4\cdot\alpha\cdot t}{r^2}\right)-\gamma\right]\dot{Q}_{\mathrm{ah}}\cdot R_{\mathrm{b}}$$

（6.5.18）

目前，GRT 数据的评估通常使用直线法进行（Walker-Hertkorn and Tholen，2007），在该方法中评估测量曲线的准稳态部分。该方法所依据的公式是由线源解析近似解的进一步简化导出的如式（6.5.19）所示。

$$\lambda_{\mathrm{eff}}=\frac{\dot{Q}_{\mathrm{ah}}}{4\cdot\pi\cdot\varphi}$$

（6.5.19）

流行的软件解决方案，如 Earth Energy Designer（EED，3.16）和其他使用 G-functions（Eskilson，1987）的软件，对 BHE 群组的热能和几何尺寸进行设计，就是基于这种简化。软件中包含的 G 函数可用于选择具有相同 BHE 间距的 700 多种 BHE 群组几何结构。因此，EED 必须被作为分析计算程序。

由于测量方法本身的性质，它不能用于确定单个地层的热导率（图 6.5.7）。如已经提到的，不能以这种方式确定体积比热容。因此，必须估计该值以进行进一步计算，VDI 4640 提供了指导值。但是，由于上述简化，这些数字低估了实际的原位关系。

此外，该方法可用于计算单个 BHE 的热阻，式如（6.5.20）所示。然而，由于体积比热容是假设的，并且会有显著变化（高达 100%甚至更多），计算结果受到不准确性的影响。莫根森（Mogensen，1983）的研究表明，当计算热阻时，假设体积比热容误差为 20%时，会导致计算误差为 10%。其中，在测试测量中确定的钻孔热阻仅在测试本身的边界条件下有效。由于动态的部分阻力，例如传热流体和地下水流动的相关阻力（层流/紊流，入流/回流温度差），从测量确定的值仅对相同的边界条件有效如式（6.5.15）的一般形式为式（6.5.20）。这种影响适用于测试的所有阶段。

$$R_{\mathrm{B}}=\dot{Q}_{\mathrm{ah}}\cdot[T_{\mathrm{m}}(t)-T_0]-\frac{1}{4\cdot\pi\cdot\lambda}\left[\ln(t)+\ln\left(\frac{4\cdot\alpha}{r^2}\right)-\gamma\right]$$

（6.5.20）

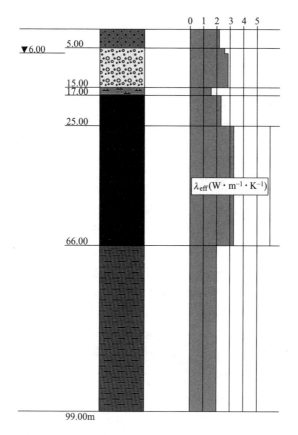

图 6.5.7　BHE 周围岩石的不同热导率示例

为了能够应用上述基于线源的评价方法，必须进行试验，直到获得准稳态径向对称温度输送条件。试验的持续时间通常必须超过埃斯基尔森（Eskilson，1987）所规定的最小准则数小时。但是，为了确保在足够长的时间内进行评估的准稳态测试条件，必须要进行长时间（数天）的测试。然而，在大多数情况下，高达 100h 的测试时间就足够了。

测量需要连续的热量输出，对于深 150m 的 BHE，连续测量所需的热量输出为 3～12kW。此外，由于电力供应不稳定，即使加热输出的微小波动也会破坏直线法的一个边界条件。同样，水文地质边界条件的波动（试验期间地下水位的升降）也会对测量结果产生显著影响。这种波动边界条件的结果是准稳态条件不能存在足够长的时间，以便在根据直线法评估时保持在小的或可接受的测量误差范围内。

当 BHE 顶部和底部的边界被定义为绝热时，线源理论是有效的。在自然条件下这种情况不会出现。因此，在评价 GRT 数据时，有必要考虑轴向热流。这种热流对 GRT 测量的影响程度基本上取决于热源的高度和直径之间的关系。

圆柱源法在评估时可以考虑轴向和径向的热流。图 6.5.8 比较了当改变 BHE 长径比时，使用数值计算软件 GeoLogik 计算的在相同热导率、体积比热容和热量输出下的线源和圆柱源的标准化的温度。

由图 6.5.8 可以看出，当高径比发生变化时，温度随时间的变化幅度较大。线源过程与圆柱源的整个过程中温度是不相一致的。只有当直径与长度之比为 1∶1000 或更小时，线源曲线才会接近圆柱源曲线。由此可见，根据线源理论计算的数据误差随着轴向传导比例的增大而增大。除此之外，圆柱源方法适用于整个测试时间并且适用于任何直径/长度比。

圆柱源法适用于任何地质和技术环境（BHE、热桩、地热能源篮、复杂结构等）。此外，该评价方法可用于确定体积比热容，并可应用于测量曲线的非稳态和准稳态径向段。具有波动的热量输出下进行的测量可以通过叠加计算来评估。在瞬态条件下测量的数据无法使用简化的线源方法进行评估。上述选项允许缩短单个应用程序的测试时间，但不会降低评估的准确性。

6.5.6.1　圆柱源法原理

如果根据圆柱几何坐标重写式（6.17），得到式（6.5.21）。

$$\Delta v(r,z,t) = \frac{1}{8 \cdot \rho \cdot c_p (\pi \cdot \alpha)^{3/2}} \int_0^t dt \int_0^\infty r\,dr \int_{-\infty}^\infty dz \int_0^{2\pi} d\varphi \cdot$$

$$\frac{\dot{Q}_v}{(t-\tau)^{3/2}} \cdot e^{-[r^2+r'^2-2rr'\cos\varphi+(z-z')^2]/4\cdot a(t-\tau)} \quad (6.5.21)$$

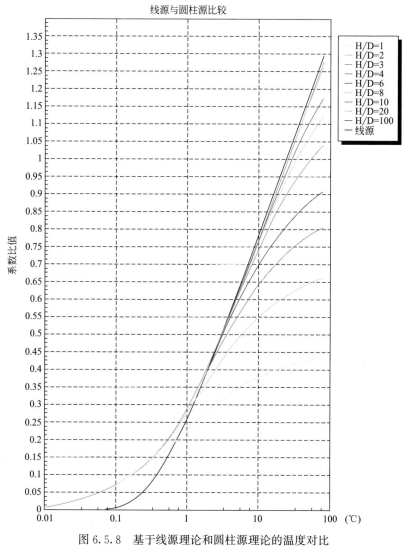

图 6.5.8　基于线源理论和圆柱源理论的温度对比
（采用数值计算软件 GeoLogik）（彩图见文末）

近一步借助贝塞尔圆柱函数得到一种适用于计算 GRT 数据的形式，如式（6.5.22）所示。

$$\Delta \nu(R, 0 = z, t) = \frac{\dot{Q}_{ah}}{2\pi \cdot \lambda} \int_{\sqrt{R^2/2 \cdot a \cdot t}}^{\infty} du \cdot \frac{e^{-u^2}}{u}$$

$$\cdot I_0(u^2) \cdot \operatorname{erf}\left(\frac{H}{R} \cdot \frac{u}{\sqrt{2}}\right) \tag{6.5.22}$$

然而，在评估 GRT 数据时，我们需要流体的入流和回流温度的平均值。由于圆柱概念要求径向对称传热，必须计算对数平均温差，算术平均温差只对平面元素中的热传导有效（Rogers and Mayhew，1967），可以用式（6.5.23）来确定。

$$\Delta \nu = \frac{\nu_{in} - \nu_{out}}{\ln\left[(\nu_{in} - \nu_{Ground})/(\nu_{out} - \nu_{Ground})\right]} \tag{6.5.23}$$

对数平均温差使有效热导率和有效体积比热容可以通过反演模型确定。这个任务可以用圆柱源法来解决。如果对于已知的热量输出，改变 λ_{eff}，$\rho_{cp,eff}$ 和 $R_{b,eff}$ 的值，则计算曲线必须与测量曲线相同。通过使用合适的算法，如 Nelder-Mead 方法（Nelder & Mead，1965），可以快速获得精确的结果。

尽管如此，在测量期间恒定的热量输出对于评价线源理论和圆柱源理论都是必不可少的。

在测量过程中，热输出的波动会产生瞬态传热条件。一个典型的建筑工地在 GRT 期间的情况是，许多耗电设备被连接到一个中央建筑工地供电单元上，这导致供电电压波动，因此 GRT 的加热输出不太可能保持恒定。在这些不利条件下获得的测量结果可以使用基于时间的叠加方法来评估。将叠加原理应用于线源法，进一步推导，得到式（6.5.24）。

$$\Delta \nu(t) = Q_{H_1} \left[\frac{R_b}{2\pi} + \frac{1}{4\pi \cdot \lambda} E_i\left(\frac{r^2}{4 \cdot \alpha \cdot t}\right)\right] + \sum_{i=2}^{n} (Q_{H_i} - Q_{H_{i-1}})$$

$$\left[\frac{R_B}{2 \cdot \pi} + \frac{1}{4 \cdot \pi \cdot \lambda} E_i\left(\frac{r^2}{4 \cdot \alpha \cdot (t - t_{i-1})}\right)\right] \tag{6.5.24}$$

同样，我们得到了圆柱源方法的式（6.5.25）。

$$\Delta \nu(t) = Q_{H_1}\left[\frac{R_b}{2\pi} + \frac{1}{2\pi \cdot \lambda}\int_{\sqrt{R^2/2 \cdot a \cdot t}}^{\infty} du \cdot \frac{e^{-u^2}}{u} \cdot I_0(u^2) \cdot \operatorname{erf}\left(\frac{H}{R} \cdot \frac{u}{\sqrt{2}}\right)\right] +$$

$$\sum_{i=2}^{n} (Q_{H_i} - Q_{H_{i-1}}) \left[\frac{R_b}{2 \cdot \pi} + \frac{1}{2 \cdot \pi \cdot \lambda} \int_{\sqrt{R^2/2 \cdot a \cdot t}}^{\infty} \mathrm{d}u \cdot \frac{e^{-u^2}}{u} \right.$$
$$\left. \cdot I_0(u^2) \cdot \mathrm{erf}\left(\frac{H}{R} \cdot \frac{u}{\sqrt{2}} \right) \right] \qquad (6.5.25)$$

6.5.6.2 评估实际测量数据的例子

图 6.5.9～图 6.5.13 显示了各种 BHE 类型实测数据的评价结果。

图 6.5.10 和图 6.5.11 显示了线源法和圆柱源法评估之间的差异。圆柱源法拟合结果与实测数据吻合较好，而线源法拟合结果差异较大，尤其是在早期阶段。

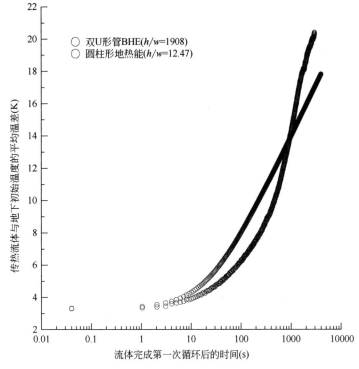

图 6.5.9 对双 U 形管 BHE 和圆柱形地热能源篮进行的测量，
温度曲线的特性与图 6.5.8 所示的理论曲线非常吻合
（彩图见文末）

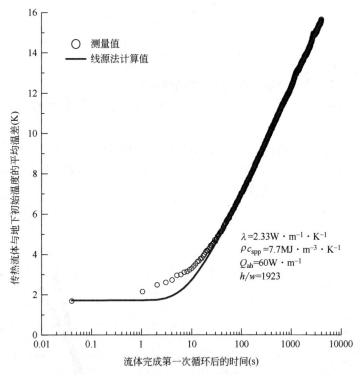

图 6.5.10　双 U 形管 BHE 测量值评价（红线表示根据线源理论的数学近似；
采用 TRT 1.1 GeoLogik 软件计算）

对于圆柱源和线源理论，物理数学传热模型不同，计算结果也不同。

在图 6.5.12 中，这两种方法之间的差异变得更加明显。随着双 U 形管 BHE 管径长度比的减小，计算结果的差异逐渐增大。根据圆柱源法进行拟合，可得到整个过程的真实测量曲线。只有经过数小时测试后，同时在岩层中达到传热的准稳态阶段时，才能通过线源方法实现良好的拟合。在与线源理论（地热能源篮、能量桩）相关的不利几何形状的换热器测量曲线的评估中，可能出现超过 100% 的误差。

图 6.5.13 显示了在不利的建筑场地条件下所采取的措施。

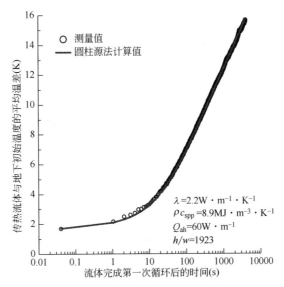

图 6.5.11 双 U 形管 BHE 测量结果的评价（红线表示根据圆柱源理论的数学近似；采用 TRT 1.1 GeoLogik 软件计算）

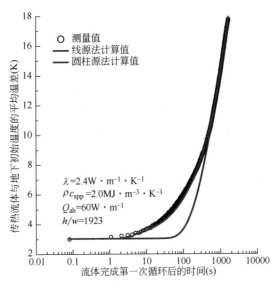

图 6.5.12 圆柱形地热能源篮测量值评价。蓝线表示线源理论的数学近似，红线表示圆柱源理论的数学近似（采用 TRT 1.1 GeoLogik 软件计算）

（彩图见文末）

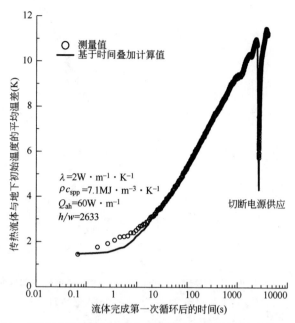

图 6.5.13 GRT 过程中基于时间和波动供电叠加的评价（采用 TRT 1.1 GeoLogik 软件计算。然而，非定常数可以通过叠加重建和评估计算）

6.5.6.3 灵敏度分析

如图 6.5.14～图 6.5.17 所示，为影响 GRT 测量曲线过程参数的灵敏度分析。系统热导率、体积比热容和输出热量等变量对系统的测量曲线过程有特定的影响。如果测量开始时地下平均温度不受气温影响（Signorelli，2004），测量时的输出热量和传热阻力已经确定，而且误差较小，那么就不可能有多个解。

由于 GRT 设置，只能确定在换热器长度上的平均值。此外，由于地质和 BHE 设备，这些值由热流中的传导和对流的不同比例确定。当通过 GRT 获得的热导率 λ 和体积比热容 $\rho \cdot c_{spp}$ 值导入数值模拟时，上述参数受到流动的地下水和其他因素（如回填材料的水化热）的影响时，必须特别小心。这可能导致计算的 λ 和 $\rho \cdot c_{spp}$ 参数有一个不切实际的高值。以体积比热容为例，其主要表征为岩石的孔隙度和饱和度，几乎没有大于 $3.5MW \cdot s \cdot m^{-3} \cdot K^{-1}$ 的

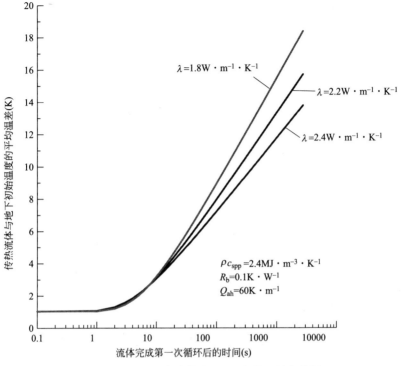

图 6.5.14　热导率参数在 GRT 中的灵敏度分析
（采用 TRT 1.1 GeoLogik 软件计算）

值，见图 6.5.10、图 6.5.11 和图 6.5.13。

　　复杂的数值模拟同时考虑了传导和对流传热，并要求以纯传导性热导率作为输入值。在数值模拟中，过高的估计体积比热容会导致地面对能量提取的反应比实际情况慢得多，从而导致致命的设计错误。因此，强烈建议将 GRT 结果与文献中的所钻探岩层岩性的数值进行比较，并尽可能准确地评估孔隙度和饱和度。

6.5.6.4　总热阻

BHE 的传热热阻由几个部分的热阻组成：

总热阻和传热热阻（表面热阻）：传热流体（R_3）、HDPE 管（R_4）、回填体（R_2）。

接触热阻：钻孔侧（表层区）—回填体（R_1）、管子—回填体

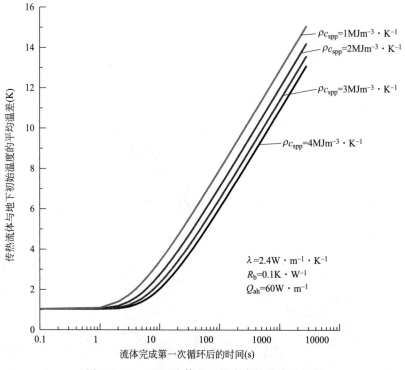

图 6.5.15　GRT 中体积比热容参数敏感性分析

（采用 TRT 1.1 GeoLogik 软件计算）

（R_4）、钻孔表层区（R_s）。

动态阻力：传热流体（层流、紊流）的流动特性和地下水流动。

确定 BHE 的传热热阻的方法有很多种。正如之前所说，由 GRT 导出的传热热阻仅适用于测量的边界条件。

式（6.5.26）提供了一种选择，根据与加热能量输入相关的对数平均温差确定传热热阻 $R_{b,eff}$。此计算所需的输入参数可直接在 GRT 中测量。

$$R_{b,eff} = \frac{2\pi}{\overset{\centerdot}{Q}_{ah}} \cdot \frac{\nu_{in} - \nu_{out}}{\ln(\nu_m - \nu_0)/\nu_{out} - \nu_0} \qquad (6.5.26)$$

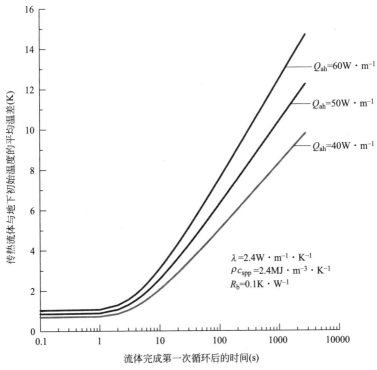

图 6.5.16　热量输出参数在 GRT 中的灵敏度分析
（采用 TRT 1.1 GeoLogik 软件计算）

　　GRT 测量开始时的曲线形状表示 BHE 的热阻。这是测量开始时的典型形状（图 6.5.18）。

　　在打开加热装置后，流体完成其第一个回路之前，可以看到入流和回流之间的第一个影响。在这个阶段，入流和回流之间的热梯度已经是有效的量。一旦流体完成第一个回路，就可以确定热阻，包括内部损失。第一个循环的完成标志着 GRT 的开始（时间＝0）。之后，我们观察到温度曲线急剧上升。出现这种典型热行为的原因是回填材料和表层区的热阻和质量的存在。为了克服这些阻力并将热量释放到周围的地质构造中，需要增加梯度。曲线形状的走势由周围地质构造的热力性质决定。

　　确定传热热阻的另一种选择是使用线源函数的解析近似值，如

121

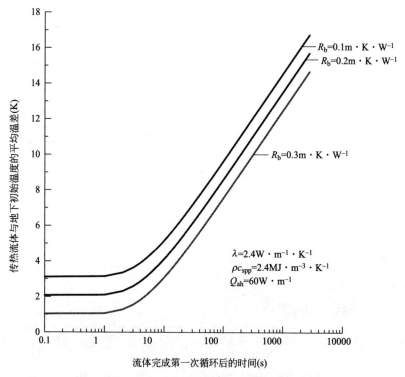

图 6.5.17　一个 GRT 中的热导率参数敏感性分析
（采用 TRT 1.1 GeoLogik 软件计算）

式（6.5.27）所示。除了已经讨论过的近似解的缺点外，方程式还存在其他的固有错误（Gehlin，2002）。

$$R_b = \dot{Q}_{ah} \cdot \left[\dot{\nu}_f(t) - v_0 \right] - \frac{1}{4\pi \cdot \lambda} \left[\ln(t) + \ln\left(\frac{4 \cdot \alpha}{r^2} \right) - \gamma \right]$$

$$(6.5.27)$$

　　式（6.5.28）可用于确定管道的传热阻力（Rogers and May-hew，1967）。要做到这一点，必须准确知道 BHE 中使用的每种材料的热导率，以及它们的层厚。此外，必须将 BHE 的几何图形转换为管道几何图形（例如双 U 形管 BHE 中管道的替代半径）。

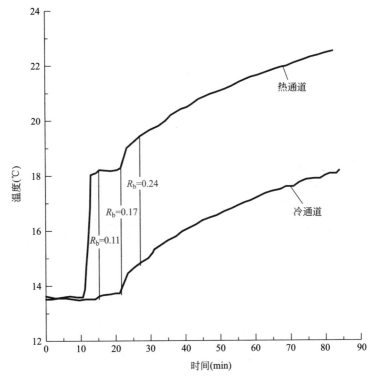

图 6.5.18　一个 BHE 的热阻

$$R_{b,eff} = 2 \cdot \pi \cdot l \, \frac{(\nu_1 - \nu_2)}{\dot{Q}_{ah}} = \frac{\ln(r_2 - r_1)}{\lambda_{material}} \qquad (6.5.28)$$

　　地下水的流动不仅影响热导率，而且影响体积比热容。根据水的物理性质（低热导率、高体积比热容），浅层地热能系统的 GRT 测量结果明显受地下水流动的影响。因此，从 GRT 确定的所有值都应标记为"有效"。

6.5.7　增强地热响应试验

　　EGRT 代表了传统地热响应试验（GRT）的进一步发展，该方法同样是以原位测定热导率的柱源法为基础（Blackwell，1954；Jaeger，1956）。另外相关研究（Dornstädter & Heidinger，2009；

Heidinger，2004）描述了 EGRT 中使用的测量和评估方法以及光纤温度测量方法（分布式温度传感，DTS）。测量与评估方法总结在光学频域反射测定法（OFDR）中。利用 Péclet 数分析，使用 OFDR 结果确定水文地质参数是可能的，如平均线性地下水速度（Lehr and Sass，2014）。

图 6.5.19　从卷筒提供的基于玻璃纤维光缆/
铜线安装同轴 BHE（Rüther，2010）

然而，在 GRT 中，仅可以确定 BHE 整个长度的平均值或离散值，而 EGRT 提供温度（图 6.5.20）、热导率和钻孔阻力的深度剖面（图 6.5.21）。

EGRT 要求混合电缆以回路的形式安装在地下，混合电缆至少由一根铜线、一根玻璃纤维光缆和一个中心芯组成，以减轻张力。这项工作通常在导孔范围内进行，混合电缆与双 U 形管一起安装在钻孔内。

铜线用作加热线，玻璃纤维光缆在整个测试期间测量光缆上每个点的温度。在铜线内温度升高，铜线与一个恒定的电源相连，将热量传递到地面。因此，在整个电缆长度上，单位长度的铜线传给周围环境的热量是恒定的。通过使用 DTS 和激光器，可以随时确

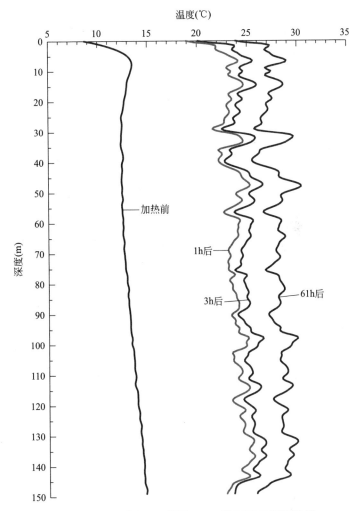

图 6.5.20 一个 150m 深的 BHE 的 EGRT 测量结果

定光纤测量光缆全长上的温度。根据线源或圆柱源理论，可以在整个光纤光缆长度上确定热材料参数的分布、地面的热导率和 BHE 的钻孔热阻与深度的函数关系。

因此，与 GRT 方法相比，该方法提供了在设计一个 BHE 群组时有用的附加信息，可以优化 BHEs 的深度或数量以及其他因素。例如，如果在设计工作中发现，较短的 BHE 是有利的，那么

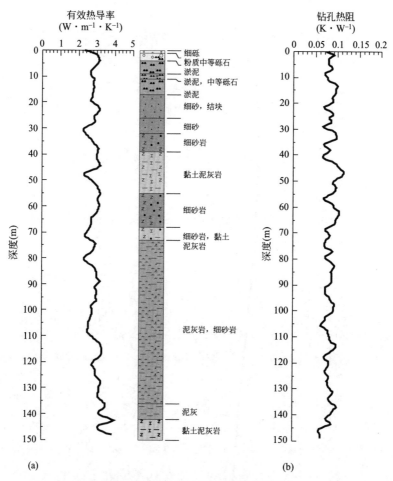

图 6.5.21 测井评价 EGRT 测量结果

(a) 计算热导率的深度剖面；(b) 计算钻孔热阻深度剖面（Heske，2010）

EGRT 方法为每个深度段提供设计参数。

热锋的穿透深度是加热时间的函数。通过评估与较短加热时间相关的温度曲线，还可以确定沿测量电缆向钻孔回填材料的热参数（图 6.5.21）。因此，该方法也适用于检查钻孔中环形空间内回填的适当性和均匀性。

回填钻孔环形空间后，但在混合电缆加热阶段之前，经过足够时间后进行的测量提供了不受空气温度影响的地下温度的温度—深度剖面图（图 6.5.20）。可以通过在固结过程中的热相关阶段，执行 EGRT 以定义水化热的影响。这个阶段是有必要的，以避免因未定义残余热量而引起的解释错误。

地热梯度可以通过不受气温影响的地下温度的温深剖面来确定。同时可以看到并评估城市和气候对温度分布的影响（图 6.5.22）。地热梯度、地表以下的地下温度（不受气温影响）以及项目所在地钻孔深度的平均值都对计算结果有很大影响。

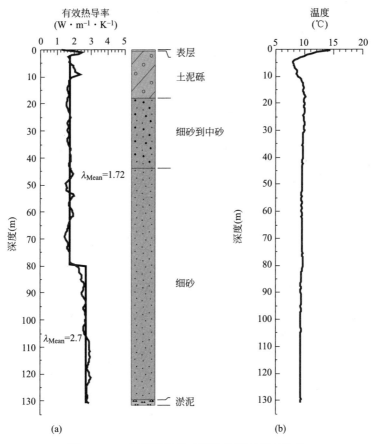

图 6.5.22　汉堡附近某工程的 EGRT 测量结果

（a）热导率深度剖面；（b）不受气温影响的地下温度—深度剖面（Heske，2010）

混合动力电缆会长期留在地面上，以便随时重复 EGRT，或者可以在地热能装置安装运行期间绘制温度—深度剖面图。

EGRT 的测量结果如图 6.5.22 所示。有趣的是，在大约 80m 的深度，热导率从大约 $1.7W \cdot m^{-1} \cdot K^{-1}$ 突然增加到 $2.7W \cdot m^{-1} \cdot K^{-1}$。但是从岩屑的特征（干作业钻孔），不会预料到会出现这种情况。不受气温影响的地下温度的温度—深度剖面使我们得出这样的结论：超过约 80m 的深度，细砂中的细颗粒较少，同时一定有反映早期气候条件的含水层。

测量结果揭示了含水层接缝的存在，如图 6.5.23（a）所示，

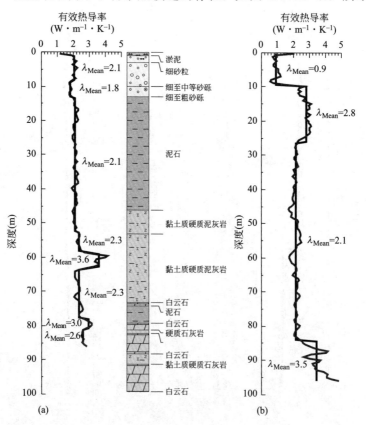

图 6.5.23　两种 EGRT 在局部地下水影响有限的情况下的热导率深度剖面

(Heske，2010)

使含水层与含水率低的含水层或隔水层区别开来。在图 6.5.23（b）中，由砂质松散岩石组成的非饱和带，可以延伸至地面以下约 10m。地下 25m 左右为含水层，地下 85m 左右为沉积岩互层。在 85m 以下，沉积饱和地层中的石英含量显著增加。这些结果对地热和水文地质评估都很重要，可能对相关部门的官方批准也很重要。

第7章 封闭系统的设计、建造及运行

地热资源开发的封闭系统包括竖向和倾斜地埋管换热器（BHE）和热管、水平集热器、地热能源篮和能源桩。地下管道系统在封闭系统中起着换热器的作用。竖向地埋管换热器是目前最常见的利用地热能系统类型的代表。

在封闭系统中使用的组件和材料必须符合高质量标准，以保证整个系统的效率和长期耐用性，并尽量减少对土壤和地下水的风险。以下因素对系统的安全及环境的保护至关重要：

1. 仔细规划，考虑地质和水文条件；
2. 采取质量保证措施确保以质量为中心的制造和安装；
3. 对安装和验收测试进行记录；
4. 在法律要求及其解释意义上合理运行；
5. 适当的维护。

除了系统的安全性外，质量保证和记录文件极其重要。当涉及评估在同一块土地上的未来工作以及在所有权变更时系统的经济价值时也是如此。

7.1 地埋管换热器（BHE）系统

竖向 BHE 系统是德国最常见的浅层地热能源装置形式。

7.1.1 详细设计

BHE 系统设计了适用于最小和最大的入流和回流温度。为了防止地面冻结，必须保证传热流体进入 BHE 时的温度不低于3℃。根据连接管道的类型、性能和设计，回水管与热泵或热泵系统中的换热器连接的点与 BHE 之间会发生热增益或损失。必须测量或计算这些温差，并将其集成到整个系统的设计中。在理想情况下，3℃的入流/回流温差就足够了（可忽略短管道运行等）。

如果使用不含防冻添加剂的水作为传热流体，则系统的设计应保证换热器和热泵不结冰。为了防止这种情况发生，应该安装一个霜冻恒温器（符合热泵制造商的规范）或一个适当尺寸的辅助回路（可以与缓冲存储器结合）。在为 BHE 选择回填材料时，必须考虑设计温度。

经济技术运行的设计寿命也是一个关键的设计标准。从地热的角度来看，地下准稳定采热状态的出现是一个合理的指导方针。考虑到 2.2 节中讨论的变量，在 5~15 年后，单个 BHE 或 BHE 群组会达到准稳定状态。然而，某些操作和项目相关的设置可能会导致提前或较晚达到准稳定的状态。因此，在大多数情况下，30~50 年的设计寿命是可取的。例如，瑞士标准 SIA 384/6（2010）规定了 50 年的模拟时间。

7.1.1.1 一般要求

设计 BHE 系统的出发点是加热和冷却的要求，以及建筑自身和使用相关的因素，这取决于考虑的时间长度。第 5 章介绍了规划和监督工作。除了由于特定系统的不同，这些情况也适用于其他地热能源系统，例如井和能源桩。

除技术要求和目标外，在德国，各自联邦州的水立法（第 4 章）在规划和设计地热能源系统时也是适用的。

BHE 系统的水力设计涉及解决一个经典的优化任务。目标是最大限度地增加热泵的能源效率比（EER，ε）和减少所需的辅助能源（本质上是循环泵的电力）。降低泵的排量会降低 BHE 中传热流体的质量流量。当质量流量降至系统特定值以下时，紊流变为层流。在层流传热流体中不存在内部混合现象，降低了 BHE 的提取能力。这导致流体进入热泵蒸发器的温度较低，从而降低了系统的效率，因为压缩机必须更努力地工作，因此消耗了更多的电力。另一方面，增加质量流量，直到紊流发生，可以提高 BHE 的提取能力。这导致流体进入热泵蒸发器的温度更高，因此热泵的能效比也更高。虽然这需要更多的辅助能源，但由于能效比的提高，系统的整体效率普遍较高。

在对整个 BHE 系统进行水力设计时，BHE 管径、管长和连接线的水力损失必须相互兼容。由于总压力损失，循环泵的功耗总是大于单个 BHEs 的压力损失之和。

如图 7.1.1 所示，两种最常见的由 HDPE（32mm×2.9mm，40mm×3.7mm）制作的 U 形管 BHE 的压力损失和流量变化有关。压力损失在 $0.5\sim1.0\mathrm{m^3\cdot h^{-1}}$ 之间明显增加。两种类型都是由层流变为紊流引起的。正如所预期的，越大的 BHE 直径计算得到压力损失越小。

图 7.1.2 显示了 32mm×2.9mm 和 40mm×3.7mmU 形管道的压力损失与 BHE 长度的关系。对于这里选择的例子，BHE 32mm×2.9mm 的压力损失约高于 BHE 40mm×3.7mm 的 2.8 倍。此外，还显示了克服压力损失所需增加的循环泵功率消耗。在假设循环泵效率为 25% 的情况下，每一种情况下的功耗均由压降和流速的乘积计算得出。

图 7.1.1 和图 7.1.2 所示的压力损失采用 Huber 和 Ochs（2007）指定的公式计算得出。不包括热泵、水平管、歧管等配

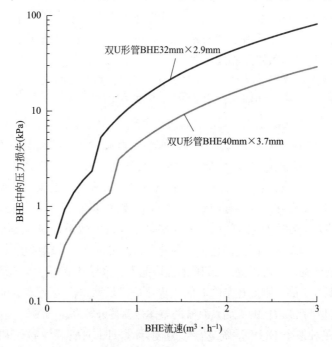

图 7.1.1　压力损失取决于双 U 形管 BHE 32mm×2.9mm 和 40mm×3.7mm 两个管道的流速（传热流体是 4℃的水，BHE 长度为 120m）

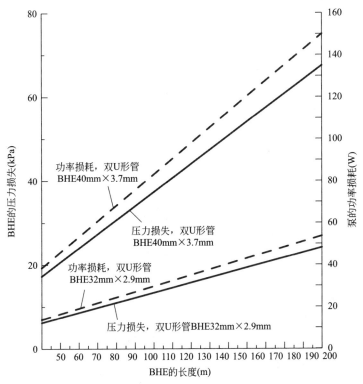

图 7.1.2 典型双 U 形管 BHE 的压力损失随 BHE 长度的变化

[传热流体为 4℃下的水，流速为 2·m³·h⁻¹（紊流）

及循环泵的相关功耗（假设效率为 25%）]

件的压力损失，但考虑了 BHE 底部 180°的弯头。由于随 BHE 长度的增加，压力损失不稳定的增加，为使 BHE 的压力损失降到最低，BHE 长度大于等于 120m 时应采用 40mm×3.7mm 的管道。

7.1.1.2 BHEs 的中心间距

BHEs 可以相互产生热影响。阵列中的 BHEs 和相邻地块上的单个 BHEs 之间都会产生这种影响。因此，在设计中必须考虑 BHEs 的最小间距，以保证长期运行；在密集建设的地区也是如此。

在指定 BHE 间距时，必须考虑以下几点：

1. 在德国，联邦各州和采矿法规定的间距；
2. 因地下开采情况造成的间距规定；
3. 特定岩层钻井方法的竖向偏差；
4. 影响设计的地质特征；
5. 地下水的平均间隙流速；
6. 地下水流向的波动；
7. 受影响土地的几何形状；
8. 系统的使用（加热、加热/冷却、储存）。

在德国，两个竖直 BHE 钻孔的最小中心距为 5～10m，视有关联邦各州的规定而定。为了确定合适的间距，必须对较大的多个 BHE 群组进行数值分析。这个规定同样适用于 BHEs 到地块边界的距离。例如，柏林市的指导方针建议两个 BHEs 之间的最小间距为 10m，但没有指定与相邻地块之间的最小距离。

BHEs 相互之间的热影响程度取决于特定位置的地质和水文条件（第 5 章）以及邻近的地热能源应用。

与钻孔预定线的水平和垂直偏差会影响所需的最小间距。6.3 节描述了产生影响的机理和可以采取的措施。

7.1.1.3　钻孔直径及设备安装

双 U 形管换热器是目前最常见的 BHE 类型（3.1.1 节）。钻孔直径应根据换热器管道的直径来选择，以保证换热器周围有足够的回填材料（7.1.2 节）。在管道与井壁之间用至少 30mm 的回填材料对管道进行围护。根据黑森联邦州热泵指南（HLUG，2011）的要求，根据式（7.1.1）钻孔直径 d_b 应至少比换热器管道直径 d_{spa} 大 60mm（图 7.1.3）。

$$d_b \geqslant d_{spa} + 60mm \tag{7.1.1}$$

建议使用间隔器或扶正器，以防止个别管道之间或管道与钻孔一侧接触。这种间隔器或扶正器应保证换热器管道距离整个井壁周围的最小间距为 30mm。这使得最小钻孔直径等于换热器管道的直径＋60mm。在实践中，应该选择稍微大一点的直径，以便更容易安装管道。图 7.1.3（b）所示的例子使用了 32mm 直径的换热管和 25mm 直径的注浆软管，形成了一个外径为 89mm 的管束。因此，理论上最小钻孔直径为 149mm。

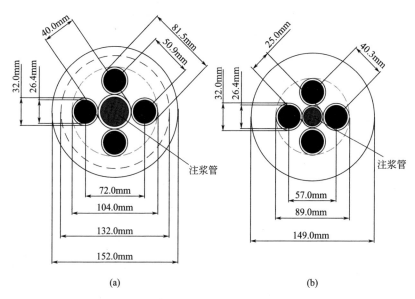

图 7.1.3 换热器管道埋设导则图（附注浆管及常用钻孔直径实例，Heske，2008）
（彩图见文末）

　　通常，换热器管道周围的环形空间是要完全回填的。然而，在某些水文地质条件下，这也许是不可能或没有必要的。另外的技术方案见 7.1.4 节。

　　在大多数情况下，BHEs 由一对高密度聚乙烯（HDPE-RC）制成的 U 形管道组成，这些管道通过靠近地面的主管道与建筑内的热泵相连。其他的管道材料也会使用，例如交联聚乙烯（PE-X，图 7.1.4），但这些比 HDPE-RC 管道使用较少。

　　目标应该是安装至少等级 100 的 PE 材料。HDPE-RC 管通常给出外径和壁厚，以 mm 为单位，例如 32mm×2.9mm。

　　井径、钻井中的管道尺寸、环形空间等与工程的关系取决于工程的具体因素。是否使用更多浅孔或几个深孔的决定也受到非地热因素的影响（地块大小、建筑物、设备可用性、成本效益分析等）。

135

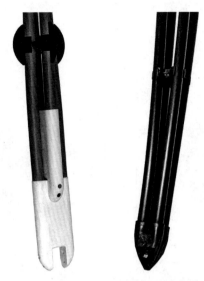

图 7.1.4　BHE 下端盖帽实例（TU Darmstadt，2013）

需要注意的是，BHE 系统管道内的压力损失随深度的增加呈线性增加。当使用直径 32mm 的 HDPE 管道时，超过 120m 深度的流动阻力已经非常大，必须对其进行定量评估。低效率降低了整个装置的盈利能力。

土压力随深度的增加而增加，在钻井、安装和回填作业中，钻孔的稳定性越来越重要。因此，BHE 管道的材料应该根据较大深度的压力进行相应的设计。为此，必须考虑水和传热流体的充注压力、外部水柱、地质分层的岩石静力特性以及回填在施工和运行过程中的压力效应。

从 BHE 的底端开始，米数应标记至地面，以便了解施工期间所需设备的深度，并在批准安装时提供帮助。可通过适当的测深或地热响应试验（GRT）来检查深度/长度。

BHE 的基座（图 7.1.4）至少能够抵抗流动阻力。下端盖帽必须在工厂永久焊接到管道上。禁止在正常管沟深度以下焊接含有 PE 部件的现场作业。

高质量的标准适用于焊接聚乙烯管道（DVGW W 330）。对于

BHEs 及其相关连接管道（电熔接头、自动热板焊机）的焊接工作也要强制执行这些标准。焊接未达到适当标准的 BHEs，例如具有非常大钝角的管道对接接头，未采用合适的标准焊接，则不能批准采用。

涉及某些管道材料（如 HDPE）的焊接工作不得在低于 5℃（DVGW GW 301）的环境温度下进行。由于材料参数的限制，在钻孔内安装换热器时不受温度限制。然而，由于 HDPE 管在寒冷条件下变硬，在安装换热器管时会产生较高的摩擦力，通过安装额外的中间扶正器等措施可以降低摩擦力。不允许进行不受控制的热处理（如气体喷灯），也不允许使用任何经过这种处理的管道。经验表明，在 0℃ 以下安装 HDPE 管道比较困难，因此不予推荐。当在钻孔中安装 HDPE 管道时，必须以类似的方式应用 DVGW 公告 GW 321 中给定的信息。

换热器的安装分为几个阶段，必须记录在测试和批准日志中。

在钻孔内安装换器热之前，应先注满水，以便于安装，防止回填作业时换热器漂浮。如有必要，应该在换热器的底部附加一个重物。换热器插入时不应用力过大。在连接水平管道之前，应该在换热器的两端安装盖帽，以防止灰尘和污垢进入。如果有结冰的危险，装水的管道中的水位应该降到地面 2m 以下。

图 7.1.1～图 7.1.8 所示为作用于换热器上的上托力，该上托力取决于钻孔浆液的密度以及可能需要的与换热器长度有关的任何附加重量。

在 BHE 管道安装的同时，必须在钻孔中插入一根注浆软管或注浆管，该注浆软管或注浆管一直延伸到换热器的底部。在特殊情况下（如非常深的换热器）和某些地质条件下（如岩溶空洞），可以安装额外的注浆软管以适应特殊情况。

注浆管只能由经过适当培训的人员使用，而且只能在孤立的情况下使用。采用注浆管时，为了防止 BHE 管的机械应力过大，换热器底部只能施加受控剪力。为此，注浆管的自重必须事先确定，并考虑到安装过程。如有必要，必须在钻机上安装一台自动剪切力限制器。注浆管有以下的优点和缺点：

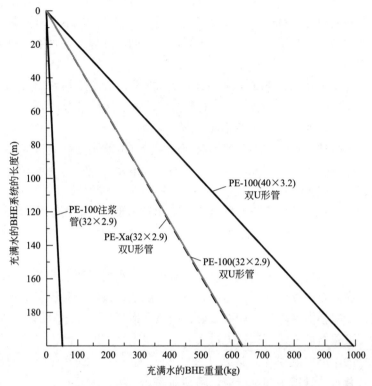

图 7.1.5 充满水的 BHE 管道的重量取决于换热器的长度和 PF 管道材料

优点：

（1）注浆管可用于任何深度；它们比注浆软管具有更高的抗拉强度和抗压强度。

（2）注浆管帮助换热器拉直；它们在安装过程中固定在换热器上，必须是可拆卸的，以便于拆除。

（3）在安装较深的换热器时，有可能减轻重量（悬挂安装上升重量）。

（4）注浆管比注浆软管更经济，因为注浆管可以多次使用。

（5）可以使用注浆管自重，也可以从上方施加额外压力，对换热器底部施加拉力；这种张力在换热器与井壁摩擦力过大的情况下是必要的。

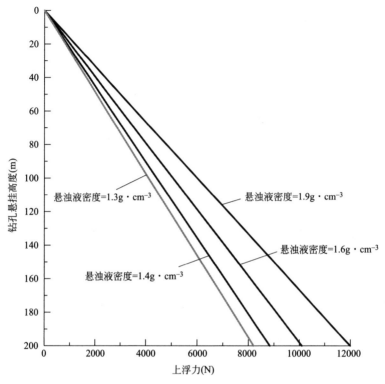

图 7.1.6　作用在 BHE 管道的上浮力取决于悬浊液的密度及钻孔深度

缺点：

（1）注浆管的安装及拆卸工作十分费时。

（2）注浆管需要大量清洗。

（3）如果注浆管使用不当，可能会对换热器产生过大的应力，换热器与井壁接触会损坏；使用一个超过换热器承受重量的注浆管也会导致这种损坏。

基本上，回填方法的选择是钻井承包商的责任。

从技术角度看，使用注浆软管在安装安全方面提供了许多优势，因为可以通过软管施加不超过使用管道材料强度的拉伸或剪切力。但是，只要使用得当，就没有任何技术原因不能使用注浆管。如有疑问（如通过注浆管在钻机液压系统的帮助下插入换热器管），钻井承包商应始终负责证明没有超出管道材料的载荷极限。

7.1.2 回填环形空间

环形空间只能用满足 7.1.3 节定义要求的材料进行回填。为了评估这一点，回填材料的供应商必须在施工前提供一份技术规范。

此外，必须核实所使用的材料在水环境卫生方面是无害的（通过独立机构签发的适当卫生证书）。只提供安全数据表是不够的，因为它通常是基于供应商的自我评估。

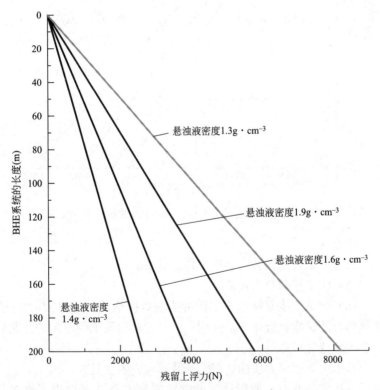

图 7.1.7 对于不同的悬浊液密度，残留上浮力取决于充满水的 BHE 管道的长度

最后，有必要检查该地点是否存在已知会侵蚀建筑材料的地下水或气体。如有任何怀疑，必须对具有代表性的水样按照 DIN EN

206 对混凝土腐蚀性成分进行分析。只能使用对该地点地下水具有高化学抵抗性的回填材料（7.1.3.9 节）。

最优的无气泡、无孔隙回填，保证了传热流体的热量传递，以及井孔的密封。回填必须防止多层地下水系统中两个或两个以上含水层之间的水力联系（图 9.3.1），并确保换热器管道完全密封。此外，它防止污染物从地面或从另一个含水层进入。

所需要回填材料的数量是根据钻孔的体积（加上考虑钻孔的具体条件的一个容差）减去换热器部件的体积计算出来的。同样，注浆泵的输出必须与钻孔深度和回填作业相匹配。

钻井承包商必须在回填日志中记录所提供材料的生产日期，更确切地说是批号，以便在出现问题时能够重建回填程序和材料性能。

充填前必须测量 Marsh 筒流动时间和悬浊液密度，充填过程中必须定期测量（7.1.3.1 节和 7.1.3.2 节）。混合器中悬浮体的密度必须符合技术参数表上的目标值。回填过程中，回填量和回填压力必须记录在回填日志中。此外，充填体悬浊液的密度和 Marsh 筒流动的时间，或者更确切地说，黏度必须在充填前和充填过程中进行现场检查。如果放置在井孔内的悬浊液的体积超过井孔体积的两倍，必须通知主管当局，以便商定如何进行处理。在大多数情况下，主管当局会要求一个处理回填材料损失的措施，这必须得到所有有关方面的同意。有关处理措施如下：

（1）使用粗粒外加剂（砾石、砂子、云母、膨胀黏土球团等）；

（2）钻井过程中或钻井后，在发生损失的深度处安装永久性套管；

（3）在发生损失的区域安装封隔器；

（4）如钻孔位于流入地区，则暂时停止抽取地下水；

（5）如有需要，应适当弃置及关闭钻孔。

标准的回填作业包括继续回填到地面溢出悬浊液的密度与供应商的数字匹配为止。然后建议降低悬浊液的水平线到水平管道开挖沟的底部，因为如果换热器管道埋入到与地面齐平的悬浊液中，一旦回填材料硬化，则很难弯曲。随意切断会损坏管道，应

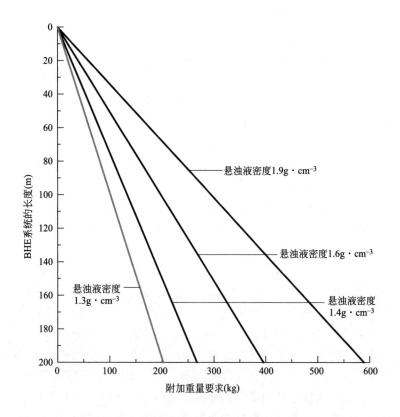

图 7.1.8 对于不同的悬浊液密度,必要的附加重量依赖于充满水的 PE-100 双 U 形管 BHE 32mm×2.9mm 的长度

该避免。

注浆管回填完毕后,可采用悬浊液充填,留在钻孔内,也可以将其拔出来。当拔出注浆管时,确保逸出悬浊液始终在悬浊液表面以下是十分重要的。拔出注浆管后的沉降应进一步回填。这也适用于拔出临时套管。

换热器管的压力试验必须在充填材料强度发展超过稳定的黏度(即抗剪强度为 4kPa)之前完成。否则,管道与回填材料之间就有形成环形间隙的风险。

图 7.1.9 为环境温度为 10℃(地面温度)下标准回填材料

（在实验室由十字板剪切试验测量）的抗剪强度发展情况。该材料回填后 18h 左右达到 4kPa 的抗剪强度标准。室内十字板剪切试验如图 7.1.10 所示。然而，原则上适用供应商提供的具体数值。

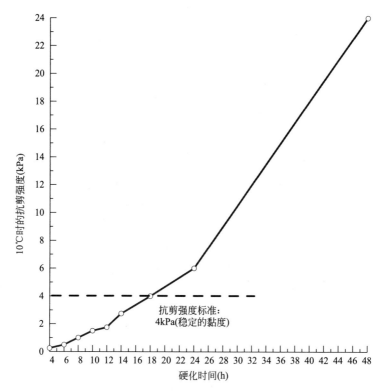

图 7.1.9　10℃地表温度时一种标准回填材料抗剪强度的发展（Dietrich，2009）

当回填材料达到一定的固态密实度时，如果无法进行压力试验，则只能在材料达到单轴抗压强度 1MPa 时进行试验（气缸抗压强度符合 DIN 18136）。在考虑标准回填材料情况时，在环境温度为 10℃下，完成回填后约 6 天达到该强度（图 7.1.11）。然而，原则上适用供应商提供的具体数值。

在每单位时间内所释放的水化热降到可以忽略不计的水平之前，不能进行 GRT（6.5 节）。从材料供应商那里可以大致了解到

图 7.1.10　对于尚未达到硬化状态的回填材料进行室内
十字板剪切试验（Heidelberg Cement，2011）

达这种状态所需时间。

7.1.3　回填材料要求简介

BHEs 回填材料必须具备以下功能：

（1）保证周围地面与传热流体之间的热量流动；

（2）封闭钻孔，防止污染物进入；

（3）在已钻透的含水层之间建立水力密封；

（4）保护换热管免受损坏；

（5）永久稳定钻孔。

我们基本上区分了预混合和现场混合回填材料。干燥材料（袋装、大包或现场储存在筒仓中）只需在建筑工地与水混合即可立即使用。只有专门用于回填 BHEs 的预混合产品才能用于此目的。应

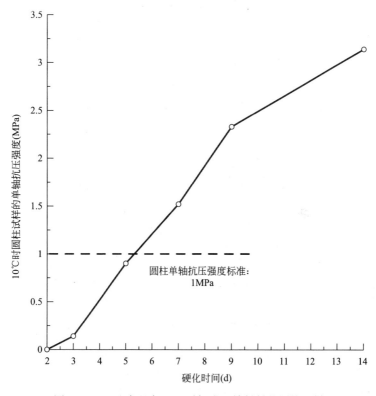

图 7.1.11 地表温度 10℃时标准回填材料的圆柱试样
单轴抗压强度的发展（Dierich，2009）

当拒绝使用现场混合回填材料，因为它们有可能无法达到要求的性能，例如抗冻融性、透水性和导热性。现场混合回填材料在早期的 BHE 安装中经常使用，因为缺乏合适的预混合产品。

回填材料必须满足一定的流变、热力、力学和水力要求。

下面的总结说明了在选择回填材料时哪些参数是重要的。有关抗侵蚀地下水的材料参数和评价标准的详细说明见 7.1.3.1～7.1.3.9 节。

表 7.1.1 列出了 BHEs 回填材料必须满足的关键材料参数和要求。重要的是检查所选择的回填材料是否满足给定的要求。

BHEs 回填材料：材料参数和要求 表 7.1.1

材料参数	要求
水/固比	供应商数据
Marsh 锥流动时间	40s≤流动时间≤100s
悬浮液密度	1.3~1.9t・m^{-3}
析水	≤3%（按体积）
圆柱体单轴抗压强度（基于 DIN 18136）	≥1MPa
渗透系数（k_f）（基于 DIN 18130）	≤1×10^{-9}m・s^{-1}
热导率	尽可能等于周围的岩石
收缩率（基于 DIN 52450）	在潮湿条件下以恒定体积硬化
水化热（在绝热条件下）	最高建筑材料温度50℃

检测证书必须显示已成功完成有关建筑材料的冻融测试（7.1.3.7 节）及适当的环境卫生评估（7.1.3.8 节），相应的证书须由独立的测试机构颁发。

以下各节描述用于检查回填材料适用性的主要材料参数和评估标准。

7.1.3.1 水/固比和悬浊液黏度

在制造回填悬浊液体时，遵守相应的水/固比是很重要的。这个值确定了水的质量与固体物质的质量之比。只有在符合供应商规定的水/固比时，才能实现技术数据表中列出的参数。如果所测得的悬浊液黏度与技术数据表上给出的目标密度一致，则悬浊液的水固比设置正确。

以下是测量黏度的常用方法：

（1）泥浆平衡法（图 7.1.12）

（2）Marsh 筒法（图 7.1.13）

（3）比重计法（图 7.1.14）

（4）厨房秤（量程 5kg）及 11 个容器法

换热器管周围的环形空间由注浆管或软管用导管法填充。在钻孔完成后，为了排出仍然留在任何钻井中的悬浊液，而且不会在环形空间中形成没有回填材料或者回填的材料和液体混合物的任何较大的区域，回填材料的悬浊液密度应为 ρ_{susp}≥1.3t・m^{-3}。

图 7.1.12　泥浆平衡法

图 7.1.13　Marsh 锥形筒　　图 7.1.14　确定密度的现场比重计

（TU Darmstadt，2013）

7.1.3.2　流变特性

具有适当流变特性的悬浊液对于无空隙填充环形空间是至关重要的。悬浊液的黏度必须非常低，即使存在阻碍流动的部件，如管道、垫片和集中器，系统中的所有孔洞都能被填满到井孔的全部深度。另一方面，悬浊液的黏度应足够高，以尽量减少悬浊液体流入周围地层的损失。

Marsh 筒流动时间提供了所使用的悬浊液黏度的指标。根据 DIN 4126，这是 1L 悬浊液流出标准 Marsh 筒（图 7.1.13）所花费的时间。Marsh 筒流动时间越长，悬浊液黏性越大。与纯水 28s 的

Marsh 筒流动时间相比，填充悬浊液体的流动时间应为 $40\sim100s$。悬浊液的黏度随固体比例的增加而增加。只有使用悬浊液的密度 $\rho_{susp}\leqslant1.9t\cdot m^{-3}$ 可以避免不能完全填充环形空间。在选择悬浊液时，还必须考虑换热管的强度（例如耐损坏性）。由于管道中悬浊液、地下水位与充填水位之间的压力关系，较深的 BHEs 可能需要分几个阶段回填。

7.1.3.3　悬浊液稳定性及析水性能

沉降和析水行为可用于评价悬浊液的稳定性。要做到这一点，将一个 250mL 的量筒中充满悬浊液。然后用锡箔纸覆盖量筒，防止蒸发，并储存在无振动的地方。24h 后，测量量筒顶部清水的体积。析水量（以体积百分比计）是清水体积与总体积之比。

析水量越大，悬浊液的稳定性越低。过低的悬浊液稳定性会导致固相颗粒（即胶粘剂）的沉积，进而导致回填柱上部强度发展减弱或没有发展。固体颗粒的沉降也会导致密度不均匀（图7.1.15）。这可能导致回填柱的失效。悬浊液的析水量不应超过3%（EAU，2012）。

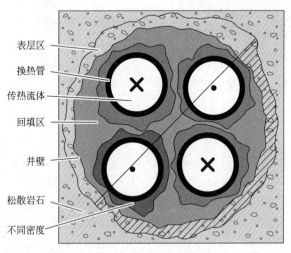

图 7.1.15　由于不同密度的地方造成的缺陷（Sass and Mielke，2012）

7.1.3.4 强度发展和水化热

硬化回填材料的单轴抗压强度可作为换热器抵抗集中荷载的试验指标。养护 28 天后，圆柱形试样（直径 100mm，储存于 20℃）的单轴抗压强度至少为 1MPa。该试验应由合适的试验室使用符合 DIN 18136 规定的测试压力机进行。

回填材料中用于混合的水与胶粘剂颗粒之间的化学反应产生水化热，水化热本质上取决于所用水泥的类型和数量。为防止塑料管损坏，只能在养护过程中使用温度不超过 50℃ 的建筑材料，通常不超过 35℃。

7.1.3.5 密封效果及水力导电性

为了封闭已钻透的含水层，防止污染物进入钻孔，硬化回填材料的渗透系数应为 $k_f \leqslant 1 \cdot 10^{-9} \text{m} \cdot \text{s}^{-1}$（LUA，2004）。渗透系数应该根据 DIN 18130 来确定。此外，硬化回填材料在潮湿的土质条件下不应收缩。否则，钻孔一侧或管道两侧的空隙不能很好地密封（图 7.1.16 和图 7.1.17）。回填体收缩引起的变形可导致硬化材料与井壁脱离，如图 7.1.17 所示。为了防止这种损坏，必须在悬浊液达到一定的固化度之前完成压力测试（7.1.5.2 节）。

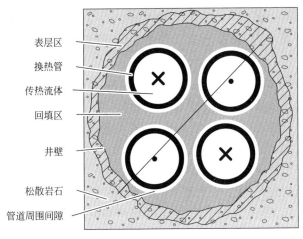

图 7.1.16　管道周围间隙（Sass and Mielke，2012）

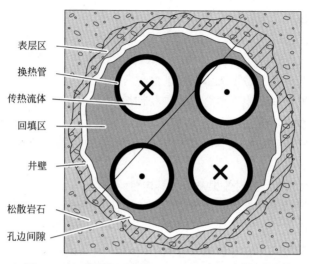

表层区

换热管

传热流体

回填区

井壁

松散岩石

孔边间隙

图 7.1.17　钻孔侧壁间隙（Sass and Mielke，2012）

7.1.3.6　热导率

为了保证地面与换热器管道之间的最佳热流，硬化回填材料的热导率应与围岩热导率相等。热优化回填材料的热导率在硬化状态可达 $2.2W \cdot m^{-1} \cdot K^{-1}$。目前的趋势是采用更高的热导率。

与传统回填材料相比，非热优化回填材料的热导率约为 $0.8W \cdot m^{-1} \cdot K^{-1}$，这导致了钻孔热阻的显著降低。在围岩与传热流体温差相同的情况下，如果建立了较高的热流量，就会提高系统效率。效率提高的幅度不仅取决于填充材料的热导率，还取决于与安装有关的其他因素，例如钻孔直径、过流直径和回流管以及 BHE 群组中 BHEs 之间的相互影响；保守估计，取决于特定的建筑，效率可能从 8% 提高到 20%（Ebert *et al.*，2000）。相应的，现代建筑材料可能会将系统效率提高更多。

图 7.1.18 为钻孔热阻与充填材料热导率的关系。热导率从 $0.8W \cdot m^{-1} \cdot K^{-1}$ 到 $2.8W \cdot m^{-1} \cdot K^{-1}$ 的变化与实际情况有关。

7.1.3.7　抗冻融性

如果 BHE 安装设施的运行从地面吸收的热量超过了可再补充

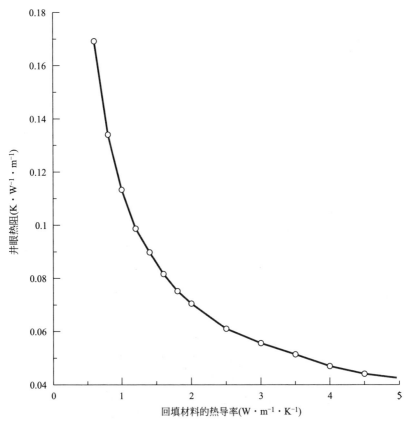

图 7.1.18 与回填材料的热导率有关的钻井热阻（modified after Sanner,
Mands and Gieß，2005）（用 EED 进行计算；150mm 的井眼直径,
双 U 形管 BHE，管道直径 32mm，管道间距 70mm）

的热量，那么系统就会逐渐冷却，这意味着可能会出现零下的温度。因此，标准 BHEs 中的传热流体是水与单乙二醇或其他低冰点液体的混合物，以保证即使在这样的条件下也能无故障运行。然而当流体温度降至 0℃以下时，填充材料开始由内而外冻结。

如果抽取的热量下降，回填材料由于热流再次融化。因此，BHEs 的回填材料必须能够应对交替的冻结和解冻。

除了设计过程中的错误，操作和使用的更改还可能导致冻融问

题，例如，

(1) 临时抽取能力，可承受最高负荷；

(2) 一列中的 BHEs 缺少水力平衡；

(3) 失水过多的系统；

(4) 系统使用不当（例如将楼宇烘干）；

(5) 附近的竞争用途；

(6) 热泵更新；

(7) 建筑物的改建或扩建工程；

(8) 更改建筑物的用途；

(9) 系统故障；

(10) 在附近进行土木工程时抽取地下水。

然后对回填材料进行冻融循环。抗冻融性不足的回填材料开始开裂，导致材料强度损失，密封功能破坏。图 7.1.19 显示了由于结冰而产生的裂缝，这使得水能够渗透进来。

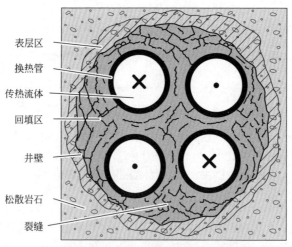

图 7.1.19　由于冻融交替循环引起的裂缝

(Sass and Mielke，2013)

根据 VDI 4640，回填材料必须适合各自的工作温度。在提取热量的情况下，具有足够的抗冻融能力是特别重要的。

到目前为止，还没有标准的测试方法来评估 BHEs 回填材料的抗冻融性。因此，岩石和混凝土的标准测试方法目前通常被用作替代方法（DIN EN 1367-1，DIN EN 12371，DIN CEN/TS 12390-9）。

相关的研究表明（Müller，2004，2007；Hermann & Czurda，2007；Niederbrucker & Steinbacher，2008），在他们研究之前使用的所有回填材料都没有表现出足够的抗冻融性能。除了开裂外，在某些情况下还发现由于剥落而造成相当大的质量损失。图 7.1.20 为各种建筑材料初始试样的质量损失百分比。

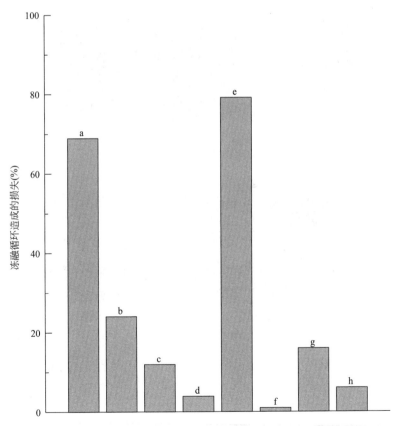

图 7.1.20 经过 10 次冻融循环后不同回填材料（标记为 a～h）
的质量损失（Müller，2007）

遵照 VDI 4640 现场混合和一些用于钻井的建筑材料在经过几次冻融循环后出现了严重的裂缝和剥落，到试验结束时，与初始质量相比，这些材料的质量损失高达 79%。与此形成对比的是，专门为 BHEs 开发的预混合产品没有或只有轻微的冻害，表现为非常小的裂缝或测试样品边缘的最小剥落。这里的质量损失为 2%～6%。

图 7.1.21 和图 7.1.22 显示冻融循环（DIN EN12371）对低抗冻融性回填材料的影响，以及与高抗冻融性回填材料进行了对比。

图 7.1.21　经过 2～5 个冻融循环后低抗冻融性回填材料（Müller，2009）

图 7.1.22　经过 10 个或更多冻融循环后高抗冻融性回填材料（Müller，2009）

只有那些专为 BHEs 封堵钻孔而设计并具有足够高的抗冻融性（由独立的测试试验室验证）的材料才可以作为回填材料。

目前所述方法的问题是，它们没有提供关于冻融效应如何影响试样渗透性的任何信息。有一种基于裂缝类型分类的定性评价和基于质量损失确定的定量评价。

如果试样的渗透性是根据 DIN 18130 在冻融试验前后测定的，

则利用 DIN EN 12371（2010）温度曲线（图 7.1.23），可以接受以下的冻融试验来验证抗冻融性能。这意味着标准中给出的测试程序需要大幅度修改。

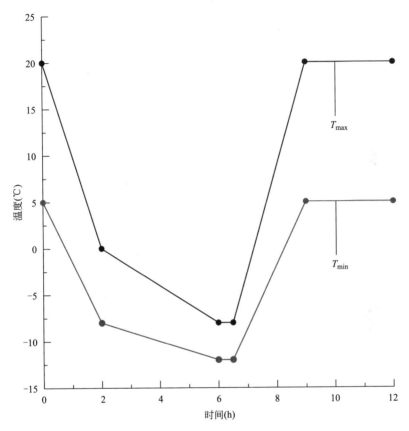

图 7.1.23　冻融循环中的温度变化历程（DIN EN 12371）

至少必须准备三个圆柱试样（直径 100mm，高度 100～140mm），并在室温下保存 28 天，防止蒸发，然后脱模。然后对试件进行 10 次冻融循环试验（图 7.1.22）。

在整个试验过程中，试样必须置于约 3cm 深的水（自来水）中。这模拟了地下水进入 BHE 周围受冻融循环影响的环形空间。

测试结束后，根据 DIN EN 12371 中给出的评估标准，对每个试样进行裂缝和剥落检查。除了定性评价外，还对抗冻融性进行了定量评价，包括在试验前后根据 DIN 18130 标准确定渗透系数。只有极低渗透性的回填材料才能永久地实现其密封功能。因此，一种合适的材料必须在冰冻前后的 k_f 值小于等于 $1 \times 10^{-9} \mathrm{m \cdot s^{-1}}$（Müller，2009）。

目前市场上有几种产品经上述方法验证具有足够的抗冻融性能。与膨润土、石英砂、水泥等混合料相比，无明显的质量损失。冻结后未见裂缝和剥落，抗压强度和渗透性无不良变化（Müller，2009）。

材料适宜性的问题和冻融循环对 BHE 密封功能的影响是近年来激烈辩论的主题，因为到目前为止还没有明确的术语定义"抵抗冻融循环"和尚未引入 BHE 应用的标准化测试方法。

由于冻融循环对试件的作用方向是由外向内的，与 BHE 现场工况不符，因此上述方法受到了批判。此外，试件在试验过程中没有受到侧向约束，同样不能充分准确地反映地面条件。

汉堡市任命了一名专家来开发一种测试方法，可以用来确定在模拟现场条件下回填材料的行为。2012 年 12 月，这种测试方法被作为产品认证的强制性手段引入（Anbergen et al.，2014）。

该试验方法从内到外模拟了试样的冻融过程，符合实际 BHE 的工作条件。还模拟了土压力对 BHE 的侧向约束。在一定的约束条件下，试样可以经历多次冻融循环。该试样由轴向换热器管和周围回填材料组成。这种方法允许将冻融循环对系统渗透率的影响作为一个质量标准来确定。

该系统的渗透系数是由在 DIN 18130-1 的基础上进行改进的三轴压缩试验确定的。测定了试样端面到端面的透水性。为了模拟冻融循环，在试样中有一种传热流体流过换热器管道。这个试样可以再次冻融。测试设置如图 7.1.28 所示。完全冻结是从内到外进行的，与真实的 BHE 方向一致。通过测定每个冻融循环前后的渗透系数，可以确定给定循环次数后系统渗透系数的变化。侧压力（$\sigma_2 = \sigma_3$）可以模拟测试在不同的深度进行设置。因此，整个测试过程中的应力条件保持不变。

这种测试方法有助于确定不同回填材料在某些情况下表现出显著不同的抗冻融抗能力（图 7.1.29 和图 7.1.30）。在最初的 3～5个冻融循环中，裂缝和渗透率的增加已经发生。这在大于 50 多个冻融循环的 500 多个试验的长期研究中得到证实（Anbergen *et al.*，2014）。因此，这种试验方法是评价抗冻融性能的一种合适的方法。

根据汉堡市（BSU，2013）的规定，对回填材料进行充分的抗冻融性能验证如下：

制作三个圆柱体试样（每个圆柱体中间铸有一段 HDPE 管），并在 $10\pm2℃$ 下保存至少 28 天（最多 56 天），防止蒸发。然后将试件安装在修改后的三轴压缩试验装置中（图 7.1.24 和图 7.1.25），并进行至少 6 个冻融循环的冻融试验。在每个循环前后确定系统的渗透率。每个冻融循环包括彻底冻结试样至少 20h（中央管中流体温

图 7.1.24　用于冻融循环试验的水渗透压力室（Anbergen *et al.*，2014）

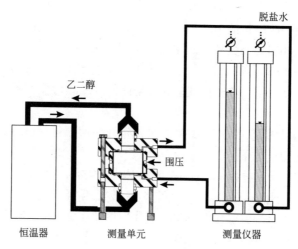

图 7.1.25　用于冻融循环的试验设置示意（Anbergen 2013）

度范围：10±2℃），测量验证完全冻结（测量精度：±1℃），随后再次允许试样解冻至少 16h（中央管中流体温度范围：8±2℃）。

计算出三个系统渗透率的平均值（在每个循环之前和之后确定），以便对测试进行评估。如果第 6 个冻融循环前后的平均系统渗透率上升超过 15%，则必须进行进一步的冻融循环，直到连续两次测量的平均值上升低于 15% 为止。

当根据 DIN 18130 在三轴压缩试验中证实 $k_f < 5 \times 10^{-9} \mathrm{m \cdot s^{-1}}$ 时，或者通过改进的三轴压缩试验装置，在经过至少 6 次冻融循环后，确定的平均系统渗透率小于 $5 \times 10^{-7} \mathrm{m \cdot s^{-1}}$（图 7.1.26 和图 7.1.27），可认为回填材料是合适的。

7.1.3.8　水的卫生评价

由于回填材料与周围的地下水有直接接触，因此，确定回填材料是否会对水的卫生产生不良影响是十分重要的。在使用该材料进行回填之前，该材料的供应商必须提供一份关于该材料的环境兼容性报告。这种卫生证书由独立的环境卫生机构签发，并通过分析固体和提取液来评估所测试材料的环境影响。

安全数据表不足以评估建筑材料的环境影响，因为数据表上所

图 7.1.26 经过一个冻融循环后，抗冻融性能低的
试样上出现的裂纹 (Anbergen，2012)

图 7.1.27 用高抗冻融材料制作经过 6 次冻融循环
后的试样 (Anbergen，2012)

列的水危害类别通常是基于供应商的自我评估。

7.1.3.9 建筑材料对侵蚀性地下水的抗化学腐蚀性

在进行建筑工程施工前，应先检查拟建的 BHEs 地区的地下水
是否对混凝土有侵蚀作用。

在评估 BHE 回填材料对原位水的潜在侵蚀性时，可以参考 DIN EN 206 标准。该标准基于有关水成分的浓度对混凝土产生的侵蚀性进行了分类（表 7.1.2）。软化有时会导致水通道的产生。

根据 DIN EN 206 的水对混凝土腐蚀性的暴露等级限值

表 7.1.2

水的成分	暴露等级		
	略带攻击性的 XA1	中度侵蚀性 XA2	高度侵蚀性 XA3
SO_4^{2-}（$mg \cdot L^{-1}$）	$200 \sim 600$	$>600 \sim 3000$	$>3000 \sim 6000$
NH_4+（$mg \cdot L^{-1}$）	$15 \sim 30$	$>30 \sim 60$	$>60 \sim 100$
Mg^{2+}（$mg \cdot L^{-1}$）	$300 \sim 1000$	$>1000 \sim 3000$	>3000 至饱和
pH 值	$6.5 \sim 5.5$	$<5.5 \sim 4.5$	<4.5
$CO_2(aq)$（$mg \cdot L^{-1}$）	$15 \sim 40$	$>40 \sim 100$	>100 至饱和

可定义每个水组分的浓度范围，分别对应于 XA1（轻度侵蚀）、XA2（中度侵蚀）或 XA3（高度侵蚀）暴露等级。当考虑到所有单独的组分时，出现的最高等级决定了总体评估级别。如果可能发生化学侵蚀，在选择回填材料时必须考虑这一点。例如，只有基于 DIN EN 197-1 标准具有高抗硫性的水泥基材料才可以用于可能发生硫酸盐侵蚀的地方。

7.1.4 未完全密封的 BHEs

与批准惯例相反，对于某些类型的应用，由于技术原因，不建议或没有必要将批准的回填材料完全填满 BHE 的整个深度。如果安装正确，回填材料（7.1.3 节）只允许传导热量。回填材料所能达到的热导率最多相当于中等岩石的热导率（表 6.4.1）。

回填材料的热导率基本为 $0.8 \sim 2.2W \cdot m^{-1} \cdot K^{-1}$。与导电性较好的固结岩石相比，如砂岩、酸性深成岩体和石英变质岩等，环形空间往往具有保温作用。此外，在渗透性较好（传热主要为对流形式）的位置，回填环形空间的水力密封效果限制了向地热能源系统的传热，因为回填体内的能量传输只能通过传导进行。回填只是限制安装效率的一个因素。

仅允许在地质条件较好且能保证 BHE 的安装和运行不涉及地下水风险的地点（完全回填可以避免地下水风险），在 BHE 全深度范围内可不进行回填。在安装 BHE 设备时，必须遵守适用于水井的严格技术标准，以防止地表水进入密封区。必须有永久性导管和相应的环形密封。在最简单的地质条件下，防止地表水、污染物等深入地下也是至关重要的。

在无须回填的地方，当局可要求核实在调查中确定的地质条件，并必须用水作为传热流体。综上所述，必须满足以下条件：

（1）必须使用水作为传热流体；

（2）表土下最上层的地质层必须用永久导管进行保护；

（3）导管的设计必须适应 100 年期间的地下水波动（最高至最低地下水位）；

（4）导管与换热管之间、导管与岩层之间的环形空间必须永久密封，防止水和污染物进入；从这个意义上说，黏土颗粒、黏土碎屑等都不是永久性的。

（5）钻孔套管必须灌浆到位；

（6）BHE 顶部需要一个密封的人工检修孔，防止地表水进入；

（7）不可以在 BHE 之上盖房子；

（8）换热器管道必须始终集中放置在孔口管道或永久套管中；

（9）多层地下水系统不得通过非密封段彼此连通；

（10）所需要的地质和水文地质资料必须从文件、档案或经调查后再进行记录；

（11）安装这些地方的 BHEs 必须由专业检验人员监督和记录。

由于地质原因（如果钻探方法需要），在只有一个地下水储集层的情况下，只有一个地下水储集层含有非承压地下水，在达到最终深度后，可以安装导管。但是，如果涉及承压地下水或污染、海水等地下水，则必须先安装导管，然后才能继续钻进到最后的深度。此外，在钻井过程中必须始终配备一个关闭机制。

从规划的角度来看，最好在整个设计和施工阶段都有专业顾问。存在下列可疑地质条件时，专家的设计尤其重要：

（1）改变水力势；

（2）承压或自流地下水压力状况（图 7.1.28）；

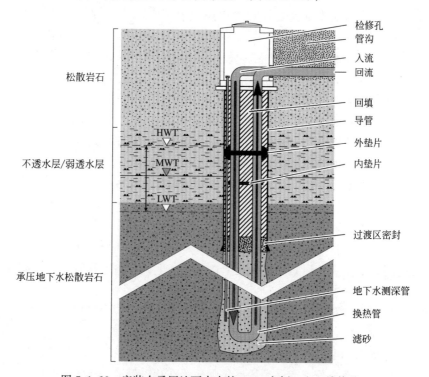

图 7.1.28　安装在承压地下水中的 BHE 实例：人工检修孔、
进出建筑设施的水流、集中、换热管（仅示意单 U 形管）；
HHGW100：100 年内出现的最高水位（参照
DIN 4049-3）；MGW：长期平均地下水位；
NNGW100：100 年内出现的最低水位
（Sass and Mielke，2012）

（3）BHE 附近存在多个地下水层（多层地下水系统，图
7.1.29）；

（4）有热水或矿泉水；

（5）海水或盐水的存在；

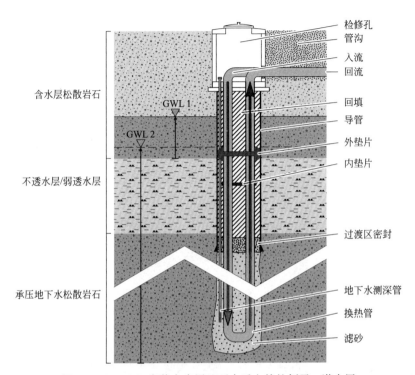

含水层松散岩石

GWL 1

GWL 2

不透水层/弱透水层

承压地下水松散岩石

检修孔
管沟
入流
回流

回填
导管
外垫片
内垫片

过渡区密封

地下水测深管
换热管
滤砂

图 7.1.29　BHE 安装在多层地下水系之外的例子。潜水层
位于承压水层之上，两个水层 100 年回归水位波动的地方
必须密封好；GWL1：上层的潜水；GWL2：下层的承压水
（Sass and Mielke，2012）

（6）不同的节理或不同的界面结构（图 7.1.30）；

（7）岩石可能发生岩溶作用或亚变质（图 7.1.31）；

（8）有膨胀或隆起势的岩石；

（9）层状、构造应力或脆性岩层；

（10）BHE 附近的滞水（图 7.1.32）；

（11）在该地点或与 BHE 地点水力连通存在污染或沉积（图
7.1.33）。

163

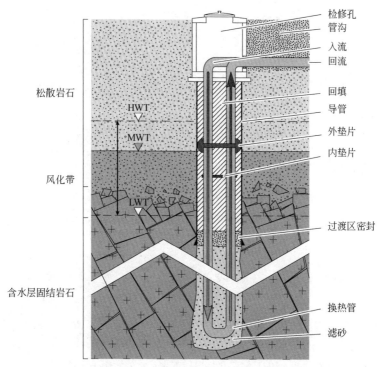

松散岩石

风化带

含水层固结岩石

HWT

MWT

LWT

检修孔
管沟
入流
回流

回填
导管

外垫片
内垫片

过渡区密封

换热管
滤砂

图 7.1.30　BHE 安装在固结岩石中的潜水层的例子。
整个风化层和地下水波动的区域必须密封
（Sass and Mielke，2012）

7.1.5　BHEs 的压力和流量测试

必须对 BHEs 及其连接管道和连接到热泵的各种管道进行测试，以确保整个系统正常工作。研究人员已经科学地试验和研究了各种测试方法（Urban，2010a，2010b）。每种方法都有其独特的优点和缺点。

所有的测试和测量必须记录在测试和验收日志中。安装后必须在每个 BHE 的顶部（VDI 4640）进行单独的压力和流量测试，以便在出现问题时仍然可以更新 BHE。所有设备安装完毕后，对整

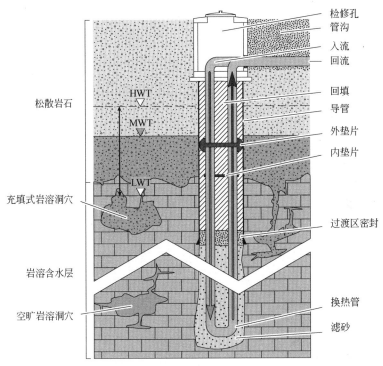

松散岩石

充填式岩溶洞穴

岩溶含水层

空旷岩溶洞穴

检修孔
管沟
入流
回流
回填
导管
外垫片
内垫片
过渡区密封
换热管
滤砂

图 7.1.31　BHE 安装在岩溶地区的潜水层的例子

（Sass and Mielke，2012）

个系统进行测试。对于较大的 BHE 群组，建议在安装部分完成后进行中期测试。当整个系统仍然可接近时，必须对后面将要安装的 BHEs 和连接管道进行测试。

7.1.5.1　流量试验

BHE 管道应首先用饮用水质的水进行冲洗，以清除灰尘和污染物。双 U 形管 BHE 的每个回路都必须单独冲洗。冲洗时间的选择应使回路被彻底冲洗至少两次。如果已采用 Y 形连接，则冲洗时间应加倍。应选择水压和流量，使底部的灰尘和污染物颗粒仍能被带到地面。冲洗时间和流量必须记录在测试和验收日志中。流动试验本身是用水进行的，而不是传热流体。在系统所有

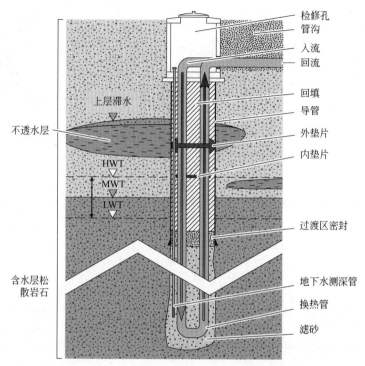

图 7.1.32 BHE 安装在潜水层之上的地层中的滞水体的例子
(Sass and Mielke，2012)

部件就位并进行压力和流量测试之前，系统不会充满传热流体。这确保了在发生泄漏的情况下，没有传热流体能够渗入地下。

  例如，一个 120m 深，ϕ32mm 的 BHE（32mm×2.9mm）回路体积为 130L，实测流量约 18L·min^{-1}（130L×2＝260L；260L：18L·min^{-1}），最小冲洗时间为 15min。图 7.1.34 显示了一个令人满意的流动测试示例。图 7.1.35 与最初由于气泡原因没有通过流动测试的 BHE 进行了比较。

  对所有管道都进行了类似的计算。表 7.1.3 列出了管道尺寸及其体积的例子。

166

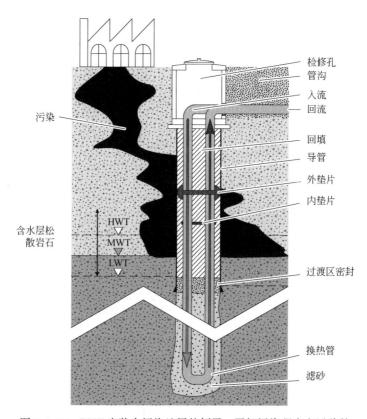

图 7.1.33　BHE 安装在污染地层的例子。了解污染程度和迁移的
可能性，在计划时要考虑进去。选择合适的钻井方法使得
污染物不会流动或者转移到更深的地层。在全部都是
污染物或者混有污染物的地方安装 BHE 是不可行的，
必须优先考虑环境安全（Sass and Mielke，2012）

管道及其体积示例　　　　　　　　　表 7.1.3

管道尺寸(mm)	体积(L/100m)
25×2.3	32.7
32×2.9	53.9
40×2.3	98.4

续表

管道尺寸(mm)	体积(L/100m)
50×2.9	153.4
63×3.6	244.5
75×4.3	346.3
90×5.1	500.1
110×6.3	745.1

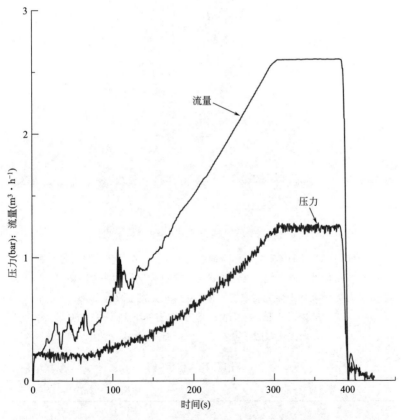

图 7.1.34 在>350m 深 BHE 内成功进行的流量试验

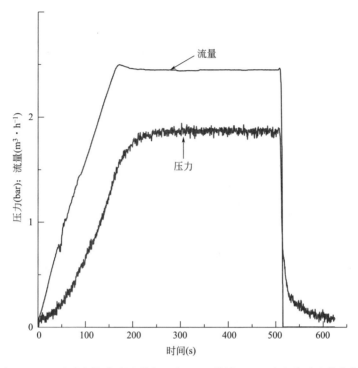

图 7.1.35　通过流量试验证明在一个 400m 深的 BHE 中存在陷入的空气

流量试验确定了 BHE 的水力损失。在恒定流量下，测量入流与回流之间的压力差。这与计算的压力差之间的偏差不超过±15％（图 7.1.36）。流量、压力差、计算理论值和测量值偏差（百分比）必须记录在验收日志中（图 7.1.37～图 7.1.39）。

例如：在 125m 深的单 U 形管道 BHE 中，d_o＝40mm，测量流量为 40L·min^{-1} 时的压力差约等于 $0.603×10^5$Pa，因此，处于计算容许偏差±15％范围内即 $0.5126×10^5$Pa 和 $0.696×10^5$Pa 之间。

7.1.5.2　压力测试

用饮用水进行压力测试。HDPE 管在压力测试的超压作用下膨胀；当压力减小后，它们又恢复到原来的大小。因此，只有回填的悬浊液仍具有流动稠度且不能形成环形间隙时，才能进行压力试验。该程序根据瑞士标准 SIA 384/6 制定。另外，压力测试可以在

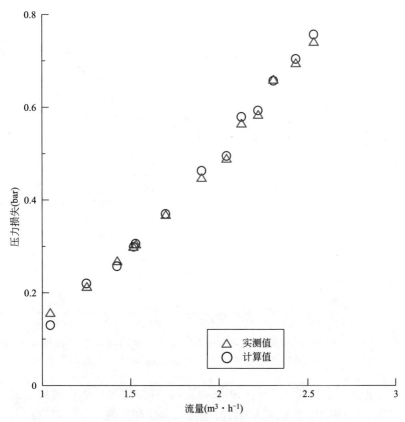

图 7.1.36　一组 BHE 计算和测量的压力损失对比
（系统的压力损失作为示例）

填充材料完全硬化后进行。由于在这个阶段管道不能膨胀，压力测试必须针对每个情况单独地进行计划、实施和评估。

　　在压力测试期间，连接管道不能暴露在阳光下。必须避免管壁温度波动。给出的压力适用于由 PE-100 SDR 11 制成的单或双 U 形管。所有其他类型的 BHEs，环形空间-经管理当局同意不用完全回填（例如砾石充填、在有裂缝的区域采用封隔器），压力试验应该适应于周围环境情况以防止使用过高的测试压力破坏 BHE。

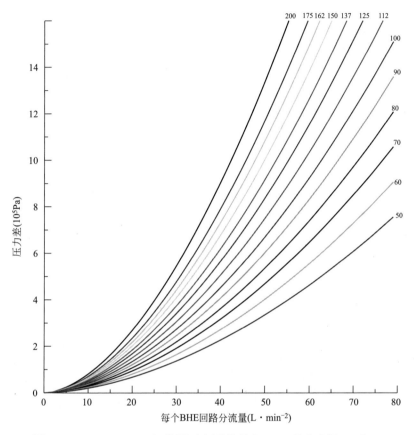

图 7.1.37　$d=25$mm 时不同长度回路的单个 BHE 的水流量（15℃）

　　测试压力的选择应确保整个测试过程中的超压在 BHE 底部不低于 0.5bar 和在顶部不低于 7.5bar。

　　在管道系统的任何一点上，都不能作用超过换热器管道上的内外压力之间的压力差 21bar。SIA 384/6 规定压力测试如下（图7.1.40）：

　　1. BHE 管道处于非增压状态

　　持续时间：1h

　　2. 建立和保持测试压力

　　持续时间：10min

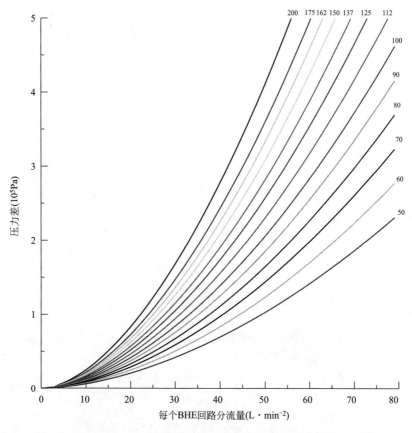

图 7.1.38　d＝32mm 时不同长度回路的单个 BHE 的水流量（15℃）

3. BHE 管道由于测试压力而膨胀

持续时间：1h

4. 剩余压力测量/确定压降：

除了泄漏，被困住的空气还可能导致出乎意料的高压降。在这种情况下，必须再次冲洗管道。然后，重新开始测试。

5. 通过排水，快速泄压达到试验压力的 10％左右，但至少为 1bar。测量剩余压力，还必须测量排出的水量。如果排水量超过表 7.4 中给出的最大值，则应假设夹有空气，再次冲洗管道并从头开

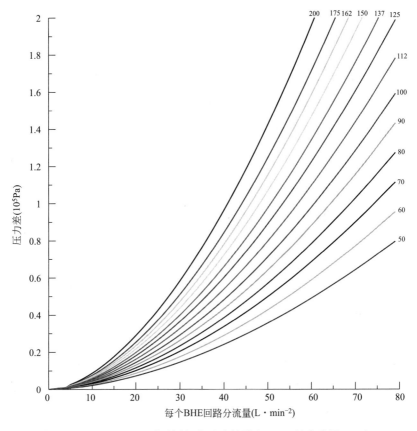

图 7.1.39　$d=40$mm 时不同长度回路的单个 BHE 的水流量（15℃）

始重复测试后再进行测量。

6. 从现在开始主要测试工作，当手动测量压力时，必须至少记录三次测量：

① 10min 后；

② 20min 后；

③ 30min 后。

在主要测试时间内，由于第 5 点压力的迅速释放，管道收缩，必然导致系统内的压力再次上升。

7. 压力试验结束。

在连续测压过程中，当最大压降小于 0.1bar 时，则管道通过测试。手动测量时，保持压力在 10～30min，压降不超过 0.1bar。排水量及所有测量压力必须随时间记录在验收日志中。

压力表的测量范围必须与压力试验的压力范围相适应；测量和读数精度应在 0.01bar 或更高。所有的连接都必须满足系统的最大压力要求。

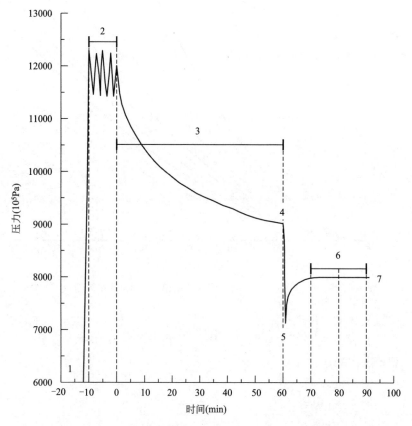

图 7.1.40　压力试验（根据 SIA 384/6 绘制的图）

7.1.6 传热流体

在 BHE 装置的封闭回路中，传热流体将热量从地面输送到建筑物内的换热器进行加热，再从建筑物内输送到地面进行冷却（表 7.1.4）。水，主要与添加剂一起降低冰点，被用作传热流体。这保证了即使在流体温度小于 0℃时也能加热。

在德国，可用作防冻剂的唯一物质是无害或其分类不超过水危害第 1 类（WGK1）的物质。

对于给定的压降每米 BHE 的允许排水量（SN EN 805） 表 7.1.4

BHE,PE-100,SDR11,双工		
外直径 内直径 壁厚	32mm 26mm 3mm	40mm 32.6mm 3.7mm
快速压降(bar)	每米 BHE 最大允许排水量(mL・m^{-1})	
1.0	1.966	3.139
1.1	2.163	3.453
1.2	2.360	3.767
1.3	2.556	4.081
1.4	2.753	4.395
1.5	2.949	4.709
1.6	3.146	5.023
1.7	3.343	5.337
1.8	3.539	5.651
1.9	3.736	5.965
2.0	3.933	6.279
2.1	4.129	6.593

最常见的防冻物质是乙二醇（乙醇-1,2-二醇）、单丙烯乙二醇和丙二醇（丙-1,2-二醇）；偶尔使用乙醇、单丙二醇、甜菜碱、碳酸钾和氯化钙；大多数老的系统都使用盐溶液。

单丙二醇（MPG）不涉及毒性或生理问题，但其物理性能不如单丙烯乙二醇（MEG，标记为对健康有害）（表 7.1.5）。为了达到相同的防冻水平，需要比 MEG 使用更多的 MPG，这在黏度和热导率方面是一个缺点。

现在盐溶液已经不常用了。它们的使用意味着需要大量的技术投入来保护系统免受腐蚀。使用碳酸钾也被认为是有问题的，如果发生泄漏，它还会改变地面的 pH 值。氯化钙被列为具有严重腐蚀性（Reinhard，1995），并导致不锈钢发生点蚀。

现代地热应用中使用的大多数防冻剂都有轻微的腐蚀性。为了避免腐蚀引起的泄漏，可加入少量的缓蚀剂。

卡普勒（Kappler，2007）描述了添加剂在潜在腐蚀行为和地下微生物降解性方面的差异，或者说是分解产物方面的差异。

从理论上讲，仅用水就可以运行每一个 BHE 系统。但是，必须符合热泵制造商的规范。在水受到保护的 III 区，运行 BHEs 需要考虑保护水资源，这同样适用于疗养水源的保护区。此外，在个别情况下也可能需要考虑到矿泉水集水区。如果在这种情况下对 BHEs 防冻剂的可用性有任何疑问，那么水应该是首选。由于与设备和系统有关的各种原因，必须保证使用适当质量的水。

单乙二醇和单丙二醇的一些物理化学参数的比较 表 7.1.5

	标签	浓度(体积%)和防冻		20℃下的热导率 （W・m^{-1}・K^{-1}）	运动黏度 （mm^2・s^{-1}）
MEG	Xn,有害健康	20%	−10℃	0.51	5.2(−10℃)
		34%	−20℃	0.46	14.5(−20℃)
MPG	无	25%	−10℃	0.48	10.2(−20℃)
		38%	−20℃	0.43	39.4(−20℃)

使用纯水作为传热流体的一个优点是，当使用没有高抗冻融性的回填材料时，这可以防止在操作过程中 BHE 损坏。然而，在纯水中，由于水源温度的下降是有限的，因此不可能计划外提高提取能力，这意味着必须包括适当的容量储备，这反过来又增加了安装成本。

如果水文地质条件允许，可以通过改变容量参数和使用适当设计的热泵，利用水能够使得用简单回填材料的老式地热能源系统或安装不良回填材料的系统在某些情况下继续运行多年。

7.1.7　水平连接管道和与建筑设施的连接

这些建议适用于地热能装置的规划，直到转换到建筑物中的热泵或换热器为止。卧式管道敷设在 BHEs 和歧管或热泵之间。这些必须正确地连接到 BHE 的管道上。某些管材如 PE-Xa 没有焊接方法。以下信息仅适用于 HDPE 100 RC 作为管道材料的例子。

管道的铺设考虑到供应商的规格和管道铺设的技术规范。焊接和连接等工作必须由经过适当培训的人员进行（根据德国燃气和水科学技术协会）。水平管道的铺设从 BHE 到歧管或热泵必须有一定的坡度。坡度必须尽可能保持均匀；最低通常采用 1% 的坡度。排气阀应该安装在系统的最高点，通常安装在歧管上。

制造商允许的最小弯曲半径取决于铺设温度。BHE 管道和水平管道的铺设半径必须足够大。较小的半径会导致扭结，这会损坏管道，阻碍流动；泄漏也是可能的。在铺设 HDPE 连接线时，应注意，由于系统温度的变化，管道会发生长度的变化（膨胀、收缩）。

为了能够以较低的压力损失运行系统，焊接弯头、连接器、接头等的数量应尽可能少。

在安装或操作过程中，不得超过管道材料的缺口冲击强度。因此，在可能有尖锐物体的地方，管道应该铺在砂土上（图 7.1.41）。或者，可以使用耐机械损伤的管道材料（请参阅制造商的说明书）。由于流出管和回流管在不同的温度下工作，它们必须在管道沟槽中分开。在相同温度下工作的管道可以集中在一起。

必须安装阀门，以便能够关闭和调节每个单独的 BHE。最佳解决方案是将 BHE 管道连接到合适的节点（图 7.1.42）。例如，当 BHE 和换热器/泵之间距离较远时，两个 BHE 电路可以通过 Y 节点组合，从而使管道数量减半。然而，每一个 Y 节点都会导致一个小的额外压力损失。

图 7.1.41 6 个 BHEs 分别带有微气泡分离器的连接管道（Pohl，2008）

图 7.1.42 分别放置在保护砂床上的管道（Pohl，2008）

为了避免对结构和地下基础设施的破坏，在规划水平连接管道时必须考虑防冻措施，可能还应考虑紧密布置的 BHE。如果不采用技术措施（VDI 4640），系统与系统之间的距离至少应为 0.7m。例如在某些情况下，不可能保持建议的间隙，连接管道可以绝缘。另外，系统必须在不结冰的情况下安全运行。这是通过向系统中充入水作为传热流体来实现的。

在管道的水力设计中，必须考虑到 BHEs 顶部与管汇检修孔之间的水平连接的长度不同。由于几乎不可能实现水力路径等长，建议为每个单独的 BHE 安装流量控制器。然而，连接线应尽可能短，长度应接近相等。

管道的水平和垂直位置必须进行测量，并在现场布置图上标出。记录管道布置的照片是有帮助的。建议在管道上放置警示胶带。在回填每个管沟之前，可以进行额外的压力测试，以验证没有泄漏。

入流和回流管从管汇检修孔开始，通过建筑物的（地下室）墙体，并连接到热泵。根据有关规定，墙壁的穿透处必须密封，防止水进入。

供暖和制冷的能量通常通过低温系统（如地暖、用于制冷的顶棚连接器、热敏元件）分布在整个建筑内。

7.1.8 调试、运行和维护

在完成流量和压力测试后，系统可以充满传热流体（7.1.6节），以及建筑服务设施各连接点（如锅炉房墙壁，视项目而定）。将传热流体倒入系统中，通过一个开放的水箱在回路中运行，直到没有气泡，系统完全脱气，达到所需的防冻剂浓度（除非必须使用纯水）。缓冲液和集液罐的大小必须根据是否使用了预混合液而调整，必须调整浓度或添加防冻剂到充水系统中，达到所需的混合比为止。

多余的水或防冻液必须按照安全数据表处理掉。当流体循环时，重要的是确保系统中的所有控制配件（截止阀、流量控制器等）完全打开，流体通过所有的 BHEs。水中防冻剂的浓度应采用折射法或比重计法测定（图 7.1.43）。必须记录传热流体的计算量和注入系统的有效量以及类型和测量浓度的准确细节。不允许混合来自不同厂家的相似传热流体，因为这些流体通常使用不同的缓蚀剂，而这些缓蚀剂在混合后不能保证其功能。

图 7.1.43　用辐射计和折射计检查传热流体的密度（Pohl，2012）

当热泵系统与 BHEs 连接后，整个系统必须再次充满传热流体并进行冲洗。

当进行 BHEs 的水力平衡时，再循环泵必须设置为传热流体的预期最大流量。所有 BHEs 的流量应相同；差额不得超过 ±15%。单个 BHEs 中不受控制的流量是变化的，因为这些 BHEs 可能深度不同（包括绝对深度和垂直偏差）。由于管道和管汇的布置，它们的长度大多不同。

在进行水力平衡时，应在平衡各个 BHEs 的流量和最小总阻力之间达到最佳状态。大多数流量控制单元必须设置（或重新调整）到传热流体的实际密度。必须记录设置值和校正因子。

BHE 系统不得用于现场加热或烘干的目的，除非它是为此目的而专门设计的。

定期维护 BHE 和热泵的安装有利于系统的监测、控制、维护和清洗，应保证经济运行。

如有要求或有必要检查装置的经济可行性，则在系统投入运作后，应定期记录与热力工作有关的用电量或用气量。

一个 BHE 不需要任何维护。然而，在运行过程中，有必要检查传热流体的防腐蚀效果。

BHEs 必须配备自动泄漏检测装置（压力开关、流量开关）。如果 BHE 出现泄漏，系统将自动关闭，并警告操作员。压力/流量开关的功能，或者更确切地说，BHE 和热泵回路的可靠性，必须由操作员定期检查和记录。注满系统时，必须记录日期、生产商和数量。

所有的漏洞都必须查明。如果只有一个 BHE 受到影响，则必须关闭，排水和采用合适的悬浊液进行压力灌浆。这个程序必须得到主管当局的同意。必须检查剩余 BHEs 的容量，热量提取和热量补给可能要调整到适合较低的容量。

欧盟法规第 842/2006 号适用于热泵。该法规规定检查渗漏及保存记录。建议制冷剂用量在 30kg 及以上时使用泄漏检测装置。

操作人员有责任正确地建造和运行 BHE 系统。

7.1.9　文件

描述 BHE 系统建设的详细文件主要用于满足环境保护要求的高质量系统的可追溯性。客户可以使用这些文件来检查指定执行工作的人员和他们执行的工作。这些文件也符合水务当局发出的许可证的多项规定。文件内的大部分内容已包括在许可证或批准书内，根据安装过程须符合的条件而定。

例如，可以根据前面的部分对 BHE 系统的文档进行细分。有关批准文件或许可证文件的任何要求，建议保留所有与系统的设计、建造及运行有关的文件。

文档内容包括：

1. 计划书

（1）热负荷计算/估算（如 DIN EN 12831，EnEV 2014，DIN EN 15450）；

（2）系统描述、运行类型；

（3）运行时间预测；

（4）根据地质文件初步估计系统大小；

（5）BHEs 长度和数量的计算；

（6）显示钻井位置的总布置图和现场布置图。

2. 钻井及安装工作

（1）钻井承建商的资格证明（例如 DVGW W 120）；

（2）现场布置，设置钻井位置，坐标信息和连接到热泵的 BHE 管道；

（3）土壤剖面符合 DIN EN ISO 22475-1、DINEN ISO 14688-1 和 DIN EN ISO 14688-2；

（4）地下水位、冲水损失；

（5）保留钻孔岩屑样本；

（6）BHE 材料描述、质量验证、直径、壁厚；

（7）钻孔方法、钻孔直径说明；

（8）钻井液的详情（符合 DVGW W 116 的添加剂）；

（9）BHEs 的数量；

（10）验证钻孔深度和安装 BHE 长度；

（11）用于钻孔测量的地球物理测量记录。

3. 回填

（1）产品数据表（技术/安全数据表）；

（2）回填材料批号；

（3）交货数量证明；

（4）环境相容性证书（卫生证书）；

（5）抗冻融性验证；

（6）回填记录，详列回填方法、回填数量、回填时间及回填参数，例如悬浊液的密度、注浆压力及回填量。

4. 压力测试

压力测试记录。

5. 传热流体

（1）安全数据表；

（2）数量和水的混合比。

6. 调试

（1）记录；

（2）泄漏检测装置安装（压力开关、流量开关）。

7. 运行

（1）加热/再循环泵类型；

（2）热泵的加热/冷却输出；

（3）热量、电力、煤气的数量；

（4）运行文件（例如外泄）；

（5）系统维护。

如果进行了 GRT，则应在文件中包括一份报告。有关已安装的建筑设备详情，以及现场进展的照片，均应加入文件内。如有需要，亦应将弃用/停运 BHE 的情况全部记录在案。

7.1.10　弃用和停运

如果 BHE 装置永久停运，则必须将传热流体从 BHE 回路中冲洗出来。必须正确处理传热和冲洗流体，并将工作记录在案。

BHE 装置必须完全回填合适的、永久不透水的材料。这种回填必须经有关当局同意，并做好回填工作的记录。

允许 BHE 留在地下的先决条件是完全和适当的回填（对于多层地下水系统），使污染物不能通过回填处的渗透进入地下水中。

7.2　水平集热器

当满足下列条件时，水平集热器（3.1.3 节）对 BHEs 而言是一种选择：

（1）没有建筑物的足够大而平坦的土地；

（2）土地平坦或坡度很小；

（3）适宜的土壤性质。

集热装置的可行性必须根据加热或冷却的需要，与其他地热能源系统一样进行类似的评估。除因系统类型而有所不同外，第 5 章及 6.5 节所概述的规划及监管工作亦适用于此处。《水立法》的法规（4.1 节）也相应适用。

设计和施工过程中的工作流程与第 5 章中给出的 BHEs 基本相同。然而，在规划和批准方面，由于没有必要进行密集的初步调查，可以开展的工作量要少得多。根据《水立法》的法规的批准程序也往往会完成得更快。

在设计系统时，重要的是要确保水平集热器上方的地面不被（建筑物、道路等）覆盖。此外，必须保持 1～2m 至邻近地块、水管/废水管、地基、道路等的最小间隙（视集热器的类型而定）。

7.2.1　集热器系统的规划与设计

在规划和设计水平集热器时，主要考虑以下因素：

（1）集热器的深度；

（2）集热管的间距；

（3）集热管的直径；

（4）区域气候条件的不同。

德国具体的最大采热能力见图 2.4.2。了解地下条件很重要。例如，德国气候区 10 的砂土产量仅为同一气候区砂质黏土最大采热能力的一半。如果热泵系统同时用于空间加热和热水，则必须在采热能力中考虑这一事实。在这种情况下，如果没有更精确的数据，集热器所覆盖的面积可以增加约 20%。

当水平集热器被用于冷却时，在设计中也需要考虑这一点。夏天把多余的热量储存在地下可以加速恢复，从而达到更高的采热能力。

地下的自然温度循环受水平集热器运行的影响，可能对地下水的质量产生影响，比如这可能是由于蓄热介质的大量热量损失或热量不平衡造成的。因此，在建设和运行之前，这种制度必须得到当局的批准。在德国，根据《联邦水法》（WHG，*Wasserhaushalts-gesetz*）第 9 条的含义，水的使用需要根据相关水立法获得许可。

7.2.1.1　集热器深度

集热管敷设的习惯深度为 1.2～1.5m，即在太阳能区。浅埋安装对再生时间有一定的影响。必须考虑自然霜冻线，以便热量提取不会导致集热器影响区域的地面结冰。深层地热能的流量仅为 $0.07W \cdot m^{-2}$ 左右。这就是为什么与自然条件相比，运行集热器会导致集热器位置附近地面的不稳定冷却。

7.2.1.2　集热管间距

集热管的间距影响水平集热器的能量效率，因为随着距离的增加，集热器单位面积内所有集热管的传热面积减小。对于单位面积内定义的热流，不可避免地会导致更高的温度梯度和更高的传热流体的质量流量。在极端情况下，较高的压力损失和较低的传热流体的回流温度会危及整个装置的运行安全。因此，更高的电力消耗和更长的安装工作时间是不可避免的。

图 7.2.1 为单位面积采热能力与管道间距的关系。随着单位面积采热能力和管道间距的增大，水平集热器的效率降低。集热器质量定义为集热器在一个采暖季节内的平均能源效率评价。它代表了具有理想集热器的热泵系统与利用相同热源的实际集热器的电耗比较。集热器质量的急剧上升（图 7.2.1 中的锯齿线）是集热器管内传热流体由层流过渡到紊流的结果。随之而来的压力增加所产生的负面影响可以通过更高的热量提取得到补偿。

7.2.1.3　集热管直径

最优集热器管径的确定对传热流体的水力学性能有着至关重要的影响。因此，必须确定层流变为紊流的点。层流的传热系数比紊流小得多，其结果是传热流体的温度较低。由于紊流时的压力损失大于层流时的压力损失，这种二次效应不可避免地会导致再循环泵的能耗增加（图 7.2.2）。

据 Ramming（2007）的计算，根据经济标准选择最优管径取决于单位长度可实现的采热能力。在采热能力较低的情况下，层流和直径 $d_o = 20mm$ 的管道被证明是有益的，而在采热能力较高的

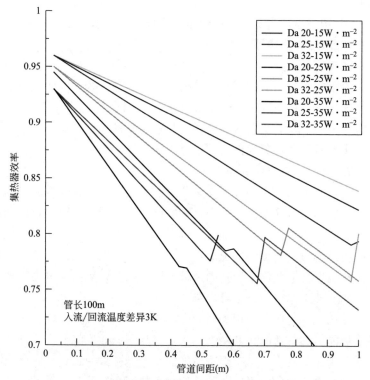

图 7.2.1 管道间距对能源效率的影响（Ramming，2007）

（彩图见文末）

情况下，紊流和直径 d_o=32mm 的管道被证明是更好的选择。

7.2.1.4 区域设计准则

气候条件对于地表向水平集热器的传热至关重要。该区域越热、越湿，就有越多的热量可以从表面向下传输到水平集热器。这就减少了采暖季节采暖器表面的结冰，而在春天，采暖器的结冰层融化得更快。

7.2.2 水平集热器的安装

水平集热器可以放置在大面积或单独的沟槽中。由于沟槽之间的地面保持原状，在不同沟槽中敷设集热器对自然地面结构的影响

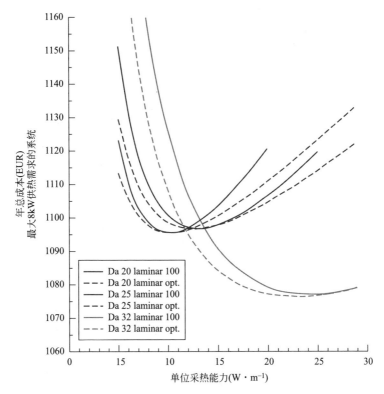

图7.2.2 最优的入流/回流温度差、最优的管道流动
长度及100m管道流动长度的集热器的年度花费
(Marek, 2012; modified after Ramming, 2007)
(彩图见文末)

要小于大面积敷设集热器。在大面积或壕沟内敷设集热器时，应遵
守下列规则：

（1）在安装和操作过程中，集热管应始终铺在一层砂子上，以
防止其损坏（例如由于尖锐的石头）。

（2）装置的所有部分必须符合目前的技术水平。

（3）单个管道必须按照 VDI 4640，第 2 部分，4.2.2～4.2.7
节的规定进行安装，并且必须在每根管道上方约 30cm 的地面上粘
贴警示胶带。

（4）在为集热器和管道选择材料时，必须遵守 VDI 4640 第 1 部分 8.1 节的规定。在铺设前，特别重要的是要检查所使用的集热管是否具有防腐性能，是否适合设计温度范围。由 PE（更好的是 PE-Xa）制成的管道通常是最佳选择。

（5）直接蒸发系统中只能使用 PE（聚乙烯）套管铜管或不锈钢管。

7.2.3 安装地热能源篮

通常，几个地热能源篮串联成一组，安装在最大 4m 的深度处。开挖工作可以用传统挖掘机进行。

开挖的规模必须适合所使用的特定的地热能源篮。连接能源篮的管道应该放在沟里，防止结冰。砂子、水和胶粘剂混合（但不能有尖锐的石头等），用来回填地热能源篮的周围。只要在岩相上合适，开挖（除去表土后）的废石可以重复用于回填。

但是，为了保护管道，建议使用土壤等级为 BK1-BK4 的土壤进行回填（去除所有锋利的石块等）。如果废石料没有表现出必要的特性，建议用具有更强储湿能力（如黏性成分比例更高）的砂代替土壤。此外，还可以使用由具有较高集中负荷能力（PE-Xa）的 PE 管道制成的地热能源篮。

7.2.4 管道铺设

连接集热管和集热管汇聚的水平管道应敷设在霜冻线以下（1.2～1.5m）。入流和回流管道必须分别敷设在沟槽内。所使用管道的弯曲半径，在铺设管道时必须遵守制造商的规定，以避免扭结，这会损坏管道和阻碍流动。在沟槽管道的上方和下方应铺上足够厚的一层砂子，并且必须在管道上方约 10cm 的地方粘贴警示胶带。

在系统的最高点需要一个歧管或溢流点，必须避免进一步的高点。为了在单个管道中实现均匀的流量和流动条件，管道长度的设计应使每个水平集热器的入流和回流总量大致相同。

在整个集热器的管路中必须包括一个压力或流量开关，在泄漏的情况下自动关闭系统，以防止泄漏造成的流体损失。

7.2.5 充盈和溢流

完成的安装（卧式集热器、歧管、热泵）要进行彻底冲洗，并通过歧管注入传热流体。所使用的注入泵必须有足够的动力用于特定的系统。持续注入，直到在一个敞开的水箱里看不到更多的气泡为止，必须遵守 VDI 4640 的规定。所需的传热流体的数量可以从集热器和连接管道的体积中计算出来。由于所使用的 PE 管允许扩散，气体会在传热流体回路中积聚，因此建议安装微气泡空气分离器。

7.2.6 传热流体

传热流体的选择和混合比例取决于预期的工作温度。7.1.8 节中描述的流体和混合物可以用作水平集热器中的传热流体。出于安全考虑，传热流体应提供保护，温度应在−20℃左右。所使用的传热流体的分类不得高于水危害等级 1（WGK1，也可参见 VDI 4640，第 1 部分，8.1 节）。

7.2.7 压力测试

一旦系统充满传热流体，每条管道都必须经过专业承包商的最终压力和流量测试。

7.2.8 调试

在调试安装之前，必须检查所有组件，以确保其功能正确。必须检查水平集热器和管道的流量是否均匀，并在必要时重新调整。水平集热器在不均匀流动的情况下运行时，不可避免地会产生不均匀的采热量，从而导致集热器各部件过载。水平集热装置的设计和操作必须使传热流体无法从系统中逸出。

7.2.9 文件

水平集热器的详细记录主要用于满足地下水保护要求的高质量系统的可追溯性。

所进行的操作必须在文件中加以说明。此时，读者可参考上节内容。如前几节所述，许多文件必须包含在《水立法》所要求的申请中。此外，建议对利用地热能加热的建筑物进行文献保存。

文档内容包括：

1. 设计

（1）热负荷计算/估算（如按照 DIN EN 12831，EnEV 2014，DIN EN 15450）；

（2）系统描述、操作类型；

（3）办公时间预测；

（4）根据地质文件的初步估计；

（5）集热管长度和集热管回路数的计算；

（6）显示水平集热系统的总布置图和现场布置图。

2. 铺设工作

（1）专业承建商名称及地址（包括负责人姓名）；

（2）审核专业暖通空调承包商的资质；

（3）设置集热器电路的现场布局、集气管至人孔和热泵的线路；

（4）土层剖面符合 DIN EN ISO 22475-1、DIN EN ISO 14688-1 和 DIN EN ISO 14688-2，如有必要，注明地下水位；

（5）集气管说明：材质、直径、壁厚、压力、制造商、合格证；

（6）拍照记录的敷设方法说明；

（7）敷设深度和安装集热器长度的证明；

（8）集热管之间间距的证明；

（9）铺设管道垫层和安装数量的证明。

3. 压力测试记录

（1）传热流体

安全数据表；

混合比。

（2）调试

压力试验证明；

泄漏检测装置安装证明（型式试验压力开关）。

（3）运行

加热/循环泵类型；

加热/冷却泵的输出；

热量，电量；

运行文件（如泄漏）；

系统的维护。

（4）水立法许可证

（5）停运情况

水平集热器的废弃/退役也必须详细记录。

7.2.10 水平集热器运行

运营商应对系统的正确建造和运行以及使用系统造成的任何损坏负责。经营者变更时，必须通知经营许可证主管机关。

卧式集热器安装必须有自动泄漏检测装置（经过型式试验的压力开关）保护。操作人员必须定期检查压力/流量开关的正常工作，以及集热器或热泵回路是否有泄漏（每月或至少每季度）。系统运营商必须定期检查传热流体是否泄漏，或者更确切地说，压力是否下降。集热管路的任何泄漏必须通知负责的当局。

7.2.11 水平集热器运行的影响

水平集热器的运行对土壤、地下水和植被产生影响。最重要的影响如下所述。

7.2.11.1 土力学

一个尺寸过小的水平集热器系统会导致冻土的形成。在对霜冻敏感的土壤中，这会导致土壤的膨胀，进而隆起引起破坏。此外，根据土壤的类型，冻结引起的体积增加不会在土壤解冻后立即消失。特别是在粉质和黏土质土壤中，由于集水管与土壤之间的接触可能会中断，因此会出现问题。

冰体的形成阻止了融水的渗透和沉淀。进而导致在集热器之上形成一层浆状稠度高的土层，这可能导致斜坡上的滑坡灾害发生。

7.2.11.2 地下水

如果地下水位上升到集热器的水位，就会影响地下水的温度。地下水温度的上升和下降都会对自然生物生长过程产生影响（2.7.2节）。

如果证实对地下水有影响，则根据 WHG 第 8 条和第 9 条，建造和运行水平集热系统是使用一个水体，因此，该系统需要根据水立法获得许可。

7.2.11.3 植被

采集层以上的植被也会受到影响。植被带的冷却会导致植物生长的延迟。为防止集热管受损，禁止在水平集热管上方种植树根较深的树木和灌木。在某些情况下，最好设置树根屏障来保护水平集热器。

7.2.11.4 改变土壤的自然清洁能力

土壤的自然净化能力是由地下的化学和生物过程决定的。它们负责分解、改变或降低各种物质（例如氯化物等持久性物质）的浓度。许多化学反应，如氧化、还原或微生物的生物分解，都取决于地面的温度。如果水平集热器的操作显著改变了活性土壤区域的温度，其结果是降低了土壤的自然净化能力。尤其重要的是要考虑到水平集热器安装在渗水排水系统下方的情况。

7.2.12 废弃和退役

如果水平集热器系统永久停运，则必须将传热流体从集热器回路中冲洗出去，不留下任何残留物。传热和冲洗液必须妥善处理。必须记录传热和冲洗液的数量、运输和承包商。

在德国，水平集热器系统的退役必须由 DVGW 认证的公司进行。必须将公司和传热流体的处置通知主管部门。

第8章 开放系统的设计、施工和运行

由于含水层的动态和热力行为基本取决于当地的地质条件，因此不可能就开放系统的设计提出普适的建议。针对特定地点，应进行专门技术设计，设计同时应基于水文地质和水文化学数据以及系统的运行。该装置的设计应旨在通过采用适当的技术手段实现地热井装置的经济运行，同时保护地下水不受不利变化的影响。地热能系统的运行安全性和长期服务年限在很大程度上取决于将地下水性质的数据整合到规划中。

同样，必须考虑到待开采含水层的位置随时间的变化。规划开放系统时，必须考虑长期高水位和低水位（HHGW 和 NNGW，7.1.4 节），同样地，还必须考虑流向的变化、相对于排水口可能的出水与进水的关系加上其他水资源的使用及其可变水力条件。在规划含水层热能储存（ATES）或井系统之前，必须确定符合 DIN 4049 的相关水文地质参数和边界条件（勘测或文件），并在规划和文件中说明。对于开放式地热能系统，建议指定设计水位。DVGW W 120 的认证表明钻井承包商已具备必要的资质。

8.1 井系统

在整个中欧，如果没有人为影响，最高含水层的地下水温度为 $6\sim14℃$。因此，来自井里的水主要用于直接冷却应用。加热通常需要换热器/热泵组合。

地热井装置设计参数的粗略限制可以通过以下假设来确定，例如，根据德国《节能法》（EnEV，2014），具有现代能源概念设计的独立式房屋，占地面积为 $150m^2$，年供热量需求为 9MWh/a。如果地热能装置负责提供热水，然后这个值上升到约 11MWh/a。假设温度下降 5K 和热泵 COP 为 4，结果是地下水需求量约为 $1500m^3/a$。因此，如果假设每年运行 1800h，则此类井装置的设计

流速为 $\dot{V}=0.85\text{m}^3/\text{h}$。

对于较大的加热和冷却系统、复杂的水文地质情况（图 8.1.1）或人口密度大的建成区，如果没有精确的设计计算，则不允许进行这种操作。

图 8.1.1　钻进自流井（Geobohr GmbH）

解析方法可用于简单的几何边界条件和相对均匀的地下条件，也可用于初步设计（图 8.1.2）。捕获宽度 b_{wi} 是渗透率 $\dot{V}$ 与含水层厚度 h_{gws} 和达西流速 v_{Du} 乘积之比：

$$b_{\text{wi}} = |4y_0| = \frac{\dot{V}}{h_{\text{gws}} \cdot v_{\text{Du}}} \tag{8.1.1}$$

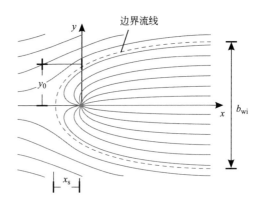

图 8.1.2　边界流线的定义（据 LFU，1980 重绘）

式中　h_{gws}——含水层厚度（m）；

　　　v_{Du}——未受影响地下水的达西流速（m·s^{-1}）；

　　　$\dot{V}$——渗透率（m^3·s^{-1}）。

进水与未受影响地下水温度之间的温差 ΔT 可估算如下：

$$\Delta T = \Delta T_{fin} \cdot e^{-\lambda/(n_{eff} \cdot \rho_W \cdot c_W \cdot h_{gws} \cdot h_{ago}) \cdot t} \tag{8.1.2}$$

式中　ΔT_{fin}——地下水与天然地下水温差（K）；

　　　n_{eff}——有效孔隙度；

　　　ρ_w——水的密度（kg·m^{-3}）；

　　　c_W——水的比热容（Ws·kg^{-1}·K^{-1}）；

　　　h_{gws}——含水层厚度（m）；

　　　h_{ago}——含水层覆土厚度（m）；

　　　t——水文停留时间（s）；

　　　λ——热导率（W·m^{-1}·K^{-1}）。

根据上述方程可估算水文停留时间 t：

$$t = \frac{n_{eff} \cdot \rho_W \cdot c_W \cdot h_{ag} \cdot h_{gws}}{\lambda} \cdot \ln \frac{\Delta T_E}{\Delta T} \tag{8.1.3}$$

生产井和注入井位于未受影响的地下水流的同一流线上（图 8.1.3），确定间距 x_s 可评估是否可能发生干扰。

无干扰：

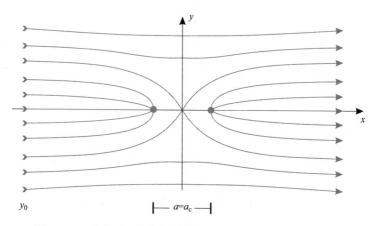

图 8.1.3　确定两口井之间的最小距离（据 LFU，1980 重绘）

$$x_s = \pm \sqrt{\frac{a^2}{4} - \frac{\dot{V} \cdot a}{2 \cdot \pi \cdot h_{gws} \cdot v_{Du}}} \qquad (8.1.4)$$

生产井和注水井之间的临界间距 a_c 计算如下：

$$a_c = \frac{2\dot{V}}{\pi \cdot h_{gws} \cdot v_{Du}} \qquad (8.1.5)$$

生产井和注入井不在同一条流线上，临界间距是地下水流经两口井的自然流动角 α_{fl} 的函数（图 8.1.4）。

$$a_c = \frac{2\dot{V}}{\pi \cdot h_{gws} \cdot v_{Du} \cdot a_c^*} \qquad (8.1.6)$$

对于含水层中更复杂的水力配置或显著的非均质性，尤其是双井组的非稳定运行，没有统一的数学解。在这些情况下必须采用数值模拟。这些数值模型能够同时模拟地下水流和相关的传热，从而可以预测热羽流或冷羽流的不稳定扩散（图 8.1.5）。

当设计工作涉及最有效的利用输入系统的一次能源时，必须包括系统特定的所有能耗来源。能耗包括地下水给水泵、热泵机组、热力站及控制、测量和调节设备的电能。当地热能装置足够深时，一些用于驱动给水泵的能量可以通过水轮机在注入井中回收，从而提高装置的整体效率。

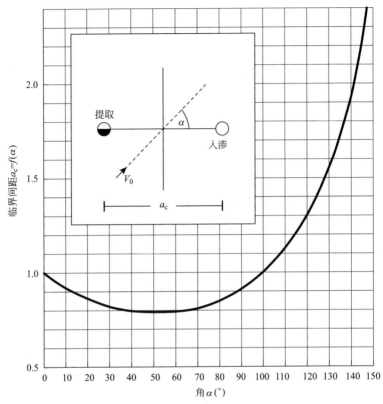

图 8.1.4　图解确定不同流入角下一对生产井和注水井
之间的临界间距（据 LFU，1980 重绘）

　　在低透射率的含水层中，必须考虑在一定条件下，需要消耗能量将抽取的水重新注入含水层。这会导致输送压头相对增加，如果将供给泵用作喷射泵，则必须克服这一点。

　　地下水的抽取主要是通过电动机驱动的水泵来实现的，因此输送水头对于地热井装置的整体效率是一个非常关键的变量。只有在地下水仅需升高几米的情况下，才能达到较高的效率（COP≥6）。所以，浅层地下水储层是此类井的最佳选择。因此，大量地热井装置钻入地下潜水层中。原则上，地下潜水系统的容量比承压地下水系统的容量差，因为提取降深的行为基于二次方程，即对于相同的

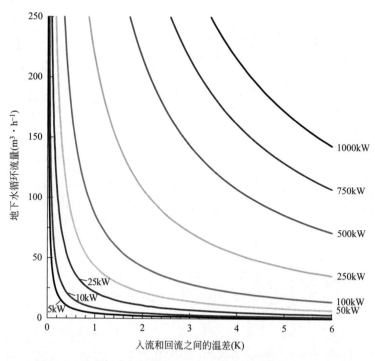

图 8.1.5　取决于循环流速和入流/回流温差的净比热容量

抽取量,单位降深 $\dot{V}$ 大于相当条件的承压含水层。

　　如果在较薄的含水层中开采浅层承压地下水体,例如,在低水位、附近的水位下降措施以及装置的使用年限增加的情况下,井装置可能会干涸。这些因素对系统的能源效率有很大影响。地下水位的过度降低也可能导致井过早老化,因为打开和关闭给水泵不可避免地会使大气进入井中,例如,这有利于氧化铁化合物的沉淀。

　　由于能源和水化学的原因,通常需要确保一个地热井装置内泵送的地下水不会被释放。然而,在泵交替运行期间不可能完全排除氧气,这意味着铁、锰和其他化合物的沉淀可能发生于存在还原性地下水的注入井中(2.7.1 节)。

　　如果水的化学分析显示井过早老化,那么可以用 PhreeqC 或 WATEQ 等水化学合成模型预测水化学过程。这些程序可以检查温度和压力的变化是否导致溶解度平衡的显著变化。当然，在某些情况下，与水接触的地上系统部件可能会受到不良降水或腐蚀现象的影响。如果认为有必要研究所用水的水化学特性，特别是与流动中的换热器表面有关时，可以考虑使用实验室结垢试验。

在大多数井配置中，水热干扰（图 8.1.6）是不可避免的。设计团队必须确保使用适当的技术手段对此类干扰进行量化，并根据经济影响进行评估。

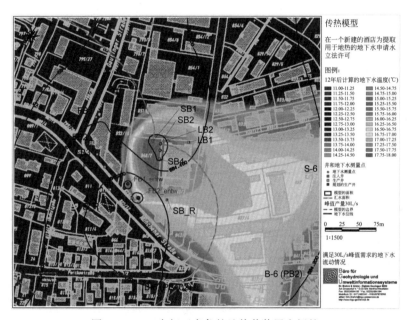

图 8.1.6　三个相互竞争的地热井装置之间的
水热模拟干扰（Brehm，2005）

（彩图见文末）

8.1.1　详细设计

即使在建立项目基础的阶段，也必须获得多层地下水系统和水文地质边界条件的指导参数和信息（表 8.1.1）。在规划这一阶段时，优先研究可用的数据和文件（如地质、水文地质和地质图，以及德国联邦地质部门的钻孔数据库）。在这个阶段，还需要检查项

迭代法井设计的时序工作流程 表 8.1.1

主要井参数	需要的输入变量	输入变量的计算/确定选项(示例)
钻孔深度	地质与水文地质	勘探钻孔
砾石过滤	含水层特征粒径	筛析,测定 75%～80%通过筛或 Bieske 分级曲线的 d_{pa}
过滤网孔径	d_k	$d_s = (d_k \cdot 4.5)/2$,太沙基方法
净过滤面积和过滤网材料	$A_f = v_{crit} \cdot \dot{V}$	制造商提供的数据,$v_{crit} \approx 0.03 \mathrm{m} \cdot \mathrm{s}^{-1}$ 或 $v_{crit} = 0.5(\sqrt{k_f}/15)$
滤网长度	钻井结果 A_f/d_s	勘探钻孔,制造商数据,$l_f = A_f/m$
井管直径	泵的直径取决于 $\dot{V}$ $(\mathrm{m}^3 \cdot \mathrm{h}^{-1})$	$d_{BR} = d_{pu} + 0.1(\mathrm{m})$,$\dot{V}$ 通过抽水试验或计算得出
钻孔直径	d_{Rr}	$d_B = d_{Rr} + d_w$(DIN 4924 或 DVGW W 123)
井管强度	压差、安装深度	结构计算,P_{crit} 方法,制造商数据
容量	k_f,H,从探井或导井测定,d_B,v_{crit}	k_f:各种方法;Huismann,$\dot{V}_F = p \cdot d_b \cdot H \cdot v_{crit}$
水侵蚀	$k_f,H,R,s_{()},\dot{V}$	R:根据 Sichardt(1927)估算;V_A:根据 Dupuit-Thiem1863 或 1870 估算
最佳井的容量	$\dot{V}_F$ 或 $\dot{V}_A$	研究各种 s 和 h(交点)的曲线

目是否有被批准的机会。

基本上,常规井的设计和施工同样适用相同的原则和规则。然而,应当指出的是,大多数地热井装置的运营商没有像供水公司那样的技术专长和相应的地热井操作和维护方案。因此,在计划阶段应考虑尝试降低维护的要求。例如,具有非均一水化学性质、低氧分压或高比例还原金属离子的含水层必须特别仔细地研究其适用性。

还应特别注意温度梯度引起的附加物理化学梯度。在大多数情况下,这会导致注入井的尺寸更大。对地热井周围区域的化学和生化条件进行准确的预测通常是不可能的。此外,各项目预算经常不包括确定必要参数的资金。在这种情况下,建议将设计建立在 k_f 值的一半之上,尤其是注入井。这样做类似于涉及渗水或渗水的相应技术规则 (DWA-A 138)。

8.1.2 现场监督、质量保证、文件

在德国，应参考以表格形式概述现场监督原则的 DVGW W 124，以便监督和验收井的安装。例如，检查原则建议：使用预先打印的文件以及如何根据 DIN EN ISO 22475-1 准备地层情况，根据 DIN 4023 准备安装图纸，或根据 DVGW W 116 法规准备冲洗记录表。还应该描述在工作的特定阶段提示适当指示和响应的技术标准。可以通过改变该法规适用于封闭系统；这种修改包括用 GRT 文件替换泵日志。

8.1.3 抽水试验

抽水试验是一种可控制的现场试验。当抽取地下水时，从水位变化中可以获得岩土水力和水流信息。DVGW W 111 法规（3/1997）涵盖了地下水抽水试验的规划、执行和评估，构成了德国抽水试验的主要规定。进行井容测试（以抽取和注入测试的形式）必须被视为地热井合理安装验收的最低要求。这些测试可以每年进行一次或每隔几年进行一次，以获取有关地热井状况的信息。

8.1.4 调试、运行和维护

地热井系统存在老化现象，因此，必须定期对其进行维护，并且只能在其岩土水力设计所涵盖的范围内运行。表 8.1.2 对可能的维护时间间隔提供了一些建议。该表表明，维护间隔主要取决于含水层性质和水化学条件。这种情形与井的维护方法类似。

水化学和井容限制 表 8.1.2

含水层类型	常见问题	维护	预防策略
冲积含水层	悬浮状态下的黏土碎屑、塌陷的砂或粉土、过滤器中的铁锰水垢和砾石、污垢、腐蚀	1～5 年,取决于水化学或分级曲线	强化除砂、快速除砂、不锈钢设备、过浆
砂岩裂隙含水层	细颗粒、固体沉积、腐蚀堵塞的裂缝	5～10 年	长期生产试验、水力压裂

含水层类型	常见问题	维护	预防策略
石灰岩作为岩溶或裂隙含水层	由细颗粒、碳酸盐铁锰水垢堵塞的裂缝	5～10年	不锈钢井设备,低流速
玄武岩裂隙含水层	被微粒堵塞的裂缝,铁锰水垢	5～10年	见以上
交替砂岩/粉砂岩地层	产量低、堵塞的裂缝、砾石和过滤器、水垢	3～5年	自动稳定发展
变质岩作为裂隙含水层	产量低,结块主要是由于铁锰颗粒和/或水垢造成的裂隙	5～10年	见以上
固结沉积岩作为裂隙含水层	产量低,主要被铁锰颗粒和/或水垢堵塞的裂隙	3～5年	见以上
半固结沉积岩作为孔隙/裂隙含水层	固体沉积和砾石滤层的结块、过滤器和砾石的水垢,主要是铁水垢	2～5年	自动稳定发展

资料来源:据 Houben and Treskatis（2003）绘制。

但是，为了防止地热井老化过快，必须遵循以下原则：

（1）流向过滤段的流体必须在任何地方和预期运行状态下均为层流；

（2）在地热井施工期间，必须避免使用有机冲洗添加剂，因为这些添加剂可能会形成黏液积聚的基质；

（3）泵必须安装在过滤段外部；

（4）在每个运行状态下，过滤段必须永久低于地下水覆盖层；

（5）过渡密封和回填料只能使用惰性材料；其中对钻孔岩屑的适用性有任何疑问的话，必须丢弃；

（6）只能安装冲洗过的过滤砾石；

（7）在地热井设备和装置中使用钢材时，必须排除电偶腐蚀的风险；

（8）聚合物必须是惰性的，并且具有最低的吸附性能。

以下是最常见的地热井老化现象：

（1）氢氧化铁沉积和水垢；

（2）磨砂；

（3）腐蚀；

（4）积垢；

（5）黏液堆积；

（6）铝沉淀。

对开放系统来说，检查能源是至关重要的，因为在某些情况下，井的严重老化无法逆转。

氢氧化铁沉积在这里占据了最多的空间。图 8.1.7～图 8.1.9 显示了典型的地热井老化现象。

图 8.1.7　氢氧化铁沉积（Panteleit，2007）

图 8.1.8 水垢（BGR）

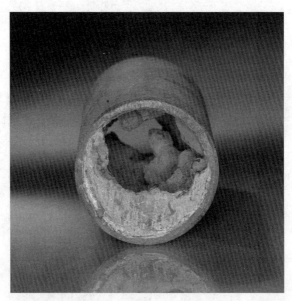

图 8.1.9 结垢（BGR）

在零氧气（酸性）环境中，在溶解硫酸盐存在的情况下，钢发生如下的氧化反应：

$$4Fe + 8H \Longleftrightarrow 4Fe^{2+} + 4H_2$$

硫酸盐还原剂可利用由氢组成的腐蚀膜进行新陈代谢：

$$4H_2 + SO_4^{2-} \Longleftrightarrow H_2S + 2H_2O + 2OH^-$$

微生物产生的硫化氢现在可以与二价铁反应形成更多的酸：

$$4Fe^{2+} + H_2S + 4H_2O + 2OH^- \Longleftrightarrow FeS + 3Fe(OH)_3 + 6H^+$$

结果是产生氧化铁和亚硫酸铁的黑红色沉淀（马基诺矿，FeS；绿辉石，Fe_3S_4）。硫酸测试可以识别这些沉积物。这种生物膜通常隐藏在氧化生物膜之下。腐蚀速率可达每年几毫米。

8.1.5　水化学和微生物的影响

开放系统中的水（即直接将地下水用于地热的井）经历压力和温度变化。它会受到物理化学变化和微生物的影响。所有这些变化都会导致发生反应，其中一些反应在地热能装置中是不可取的（Weber，2000）。为了避免含水层发生这些或其他不利反应，还必须确保在地热利用后，地下水被回注到同一含水层或水化学相似的含水层中。当水在地热利用后进入另一个含水层时，必须检查是否符合相关水法规。

主要的化学过程是铁和锰化合物的沉淀（氢氧化铁沉淀）和碳酸盐矿物的沉淀或溶解。

这些反应在不同程度上发生：

（1）在井及其周围提取期间；

（2）在通向换热器的管道中；

（3）在建筑运行期间；

（4）在回水管中；

（5）在注入井及其周围环境中；

（6）与含水层中的剩余地下水混合时。

因此，在规划一个开放的地热能装置时，可能需要单独评估这些水运行的回路部分。

地下水中的溶解固体是由其成因决定的，这取决于含水层的岩石学成分、地质化学关系、水的水文停留时间、水力和热动力边界条件等。还必须考虑地下水性质的人为影响。因此，对于每种类型的地下水和每一个地点，预期都会有不同的反应行为。

在有氧的情况下，当pH值升高时，会形成不易溶解的Fe^{3+}化合物，例如氢氧化铁。当主要的铁浓度超过约0.5mg/L时，这会导致沉积物产生。这种沉淀通常是由微生物活性促进的，这就是为什么氢氧化铁沉积经常伴随着黏液的积聚而发生的原因。

当地热井运行改变碳酸盐—碳酸氢盐平衡时，会发生碳酸盐沉淀，特别是由于减压期间二氧化碳的排放、水的升温或机械负荷（剥落）。

表8.1.3列出了地热井装置中倾向于沉淀和沉积的一些不易溶解的矿物群，以及决定其溶解性的因素。

井中污垢和结垢现象中涉及的典型无机化合物　表8.1.3

主要复合物属性	决定溶解性的因素
含铁矿物（氧化铁/碳酸盐/硫化物）	温度、溶解气体（如H_2S、O_2、CO_2）、pH、Eh、络合剂
碳酸盐	CO_2、pH、温度
硫酸盐	溶液的温度、离子强度
无定形硅酸盐	温度、pH
硫化物	H_2S、pH、Eh
硅酸铝和铝硅酸铝	pH、Eh、黏土矿物

温度是水化学和生物过程的敏感因素。温度变化仅为几度开尔文，可以对微生物过程，即生活在地下水中的生物生长、繁殖和生存产生重大影响。在6～14℃时，浅层含水层的正常平均地下水温度对应于空气的长期年均温度。当使用地下水进行冷却应用时，返回到地下的水具有更高的温度。在地下储存热能时，温度可达到60℃以上。

在某些情况下，地下水流可导致在含水层的相应渗透带中形成具有不同几何形状的热柱或冷柱。这些羽流可以在地下几米到几公里的范围内延伸，并且在其分布和最高温度方面表现出明显的季节性差异。

嗜冷微生物在未受影响的地下水中繁衍生息，5～10℃代表最佳生长条件。中温（＞30℃）或高温（＞50℃）时，微生物可在较高的地下水温度下活动。

几乎所有地下水都表现出氧饱和度不足，含水层中的氧含量通常随着深度的增加而降低。地下水中发现的微生物适合这些条件。这里普遍存在的缺氧和负还原电位严重限制了微生物的代谢过程。一些硝酸盐还原微生物同时从三价铁（Ⅲ）中形成二价铁（Ⅱ），从还原无机硫化合物中形成硫酸盐。硫化氢的出现可以表明硫酸盐还原微生物的活性，其结果可能是系统部件中的硫化物沉淀和腐蚀加剧。

由于这些化学—生物过程，氢氧化铁沉积和结垢是地下水热利用生产或回注过程中可能出现的主要问题。尤其是铁和锰细菌的代谢，可导致井和管道中的氢氧化铁沉积或通过催化反应促进氧化反应。由于微生物代谢过程产生的移动二价铁的氧化可导致三价铁化合物的沉淀。

含有机成分的地下水同样会导致更密集的细菌生长，风险是微生物种群聚集可能发生堵塞。

为了评估地下水、含水层和地热能装置之间的化学和微生物相互作用，建议进行以下调查以确定地下水的性质（表8.1.4）。

地下水调查分析   表 8.1.4

现场参数	pH 值、氧化还原电位、电导率、含氧量、温度、气味、颜色、浑浊度、P 碱度、M 碱度
化学分析	K^+、Na^+、Ca^{2+}、Mg^{2+}、NH^{4+}、Mn^{2+}、Fe_{tot}、CO_2 free、Al^{3+}、Cl^-、SO_4^{2-}、HCO_3^-、NO_3^-、NO_2^-、PO_4^{3-}、S^{2-}、SiO_2（如有必要）、酸容量 pH4.3、碱容量 pH8.2、总硬度、碳酸盐硬度、105℃蒸发残留
微生物分析	根据德国饮用水法规，20℃下的菌落数

此外，地下水取样应包括确定有机可降解物质的含量，例如在初步调查期间确定 DOC 和细菌数量。化学分析必须适合用离子平衡条件进行检查。因此，必须以上述参数为例，并加以调整，以适应当地的水化学条件。

这些数值有助于合理规划地热井装置的施工和运行。在选择地点时，必须提前排除受污染的地下水，因为回注受污染的水需要特殊许可证，而且必须遵守严格的条件。因此，为了能够评估环境问题，必须根据需要扩展上述水化学参数。如果将地下水作为一个ATES系统，则建议通过定期细菌计数进行监测。

建议使用适当的数值模型（表8.1.5）评估潜在的化学反应。

水化学问题的免费解析和数值计算软件 表8.1.5

地球化学平衡 与反应模型	互联网	文献
免费软件		
PHREEQC	www. brr. cr. usgs. gov	Parkhurst,1995
MINTEQA2	www. epa. gov	Allison,Brown and Novo-Gradac,1991
PHAST	www. brr. cr. usgs. gov	Parkhurst *et al.*,2004
MT3DMS	hydro. geo. ua. edu	Zheng,Weaver and Tonkin,2008
RT3D	bioprocess. pnl. gov	Clement *et al.*,1998
CRUNCH Flow	www. csteefel. com	Steefel,2001
MIN3P	www. eoas. ubc. ca	Mayer,1999
HydroBioGeoChem	hbgc. esd. ornl. gov	Yeh *et al.*,1998
PHT3D	www. pht3d. org	Prommer,Barry and Zheng,2003
商业软件		
EQ3/6	www. nea. fr	
SOLMINEQ. 88	pubs. usgs. gov	Kharaka *et al.*,1988
GWB geochemist's workbench	www. gwb. com	Bethke,2010
SHEMAT（specifical- ly heat transfer）	www. springer. com	Clauser,2002
HYDRUS-3D	www. pc-progress. com	Šimůnek,van Genuchten and Šejna,2006

地热井装置必须根据氢氧化铁沉积的强度进行再生或翻新。在极端情况下，可能需要几年后完全更换一口井。井段取决于水化学

和水力条件以及井本身的设计。预测检查和维护周期是规划工作的一部分（DVGW W 125）。可以采用各种技术措施来避免或减少氢氧化铁沉积（Houben and Treskatis，2003）。如果从生产井到用户（换热器）再到注入井的水回路不与大气相通，则维护周期在某些情况下可以大大延长。在水化学条件不好的情况下，氮气处理是处理氢氧化铁沉积的一种方法。建立一个封闭的系统也是减少碳酸盐沉淀的有效方法。

8.1.6　文件

所需文件应基于德国燃气和水科学技术协会（DVGW）的相关规则以及 7.1.9 节。

8.1.7　废弃和退役

如果地热应用不再需要地下水，则应将场地恢复到原来的状态。这意味着，理想情况下，将井眼冲洗干净，然后用一种硬化的悬浊液从基础到地面进行压力灌浆，形成永久的水力密封。

然而，由于各种原因，例如钻孔严重偏离竖直方向、存在塌方、脆性岩层等，从技术上讲，完全冲刷是不可能的。在这种情况下，必须与当局商定其他密封方法，例如使用爆破或机械方法从内部穿孔，随后逐段进行压力灌浆，并对密封功能进行临时检查。分段压力灌浆可与局部冲洗相结合。

在德国，如果地热井退役，则必须遵守 DVGW W 135 的详细规定。例如，这些规定确保多层地下水系统中不同含水层之间不会形成通道。必须恢复覆盖层的完整性，保证地下水体上方非饱和土带的自然保护功能。

8.1.8　一个井系统的实例

在本案例研究中，商业办公楼和住宅综合楼的水—水热泵系统将在土工水力和地热方面进行优化。在项目附近已经存在两个较大的系统，每个系统有两个生产井（FB 1 和 FB 2—系统 1，以及 FB 12 和 FB 13—系统 2）。热用地下水分别经三口（SB3—5）和两口

（SB10 和 SB11）注入井回注。在需要采矿立法许可的情况下，将使用数值模拟来研究热工水力对井系统的影响。

然而，所有权结构允许地热能源系统 2 在法律上与规划的系统 3 相连接。这三个系统都利用地下水进行加热和冷却。但是，与现有系统相比，新系统 3 也应适用于加热和冷却阶段的交替。因此，在夏季井和冬季井之间进行了区分：夏季井用于获得冷却水，冬季井则用于提取地下水进行取暖。

这种类型的运行目的是在冬季取暖的冷却模式下，回收至少一部分进入含水层的热能。反之亦然：一些"冷能"应该在下一个春季中用于直接冷却。但这两种情况都可能在春季和秋季同时发生：建筑的冷却部分暴露在阳光下，内部负荷较高，而建筑的加热部分位于不太有利的位置和阴影区域。这样的运行方案最好是通过在中央厂房周围布置星形的生产井和注水井来实现。这涉及将生产井和注入井的进出管线集中在综合设施的中央厂房内。

该项目位于一个较大流动水体的草地上。地面由极易渗透的第四纪河流砾石（$k_f > 10^{-2}\,\mathrm{m \cdot s^{-1}}$）组成，其下覆盖着渗透性较差的沉积物和第三纪火山岩。当水位为 8~9m，温度为 25K 时，河流的水位和温度变化范围很大。该建筑每月的供暖和制冷要求也有相当大的差异。从这一粗略的边界条件轮廓可以清楚地看出，这种任务只能通过使用三维、非定常、流动耦合的传热模型来解决。由于明显的不对称性，有限元模型是最好的解决方案，因为可以对井附近特别敏感的区域进行更有效的离散化。

该模型范围取覆盖实际受水力和地热流影响区域周围足够大的区域，并初步针对稳定的平均地下水流条件进行校准。大量抽水试验的结果和在运行两个现有装置时获得的经验对这里很有帮助。

在一系列井的不同位置和特定提取量的计算运行之后，优化了流量方案，其中基本上排除了各个系统的不利相互影响。

分别对模拟夏季和冬季稳定运行的地下水流动区域进行了评估，首先对相应的满负荷运行的地下水流线模式进行了评估（图8.1.10 和图 8.1.11）。

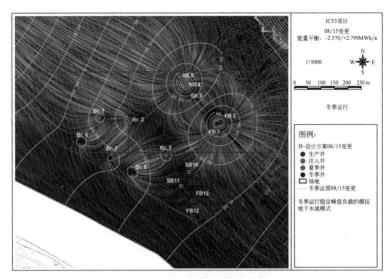

图 8.1.10　案例研究的三维有限元分析（FEM）：
加热期间的地下水流动情况（Brehm，2009）

（彩图见文末）

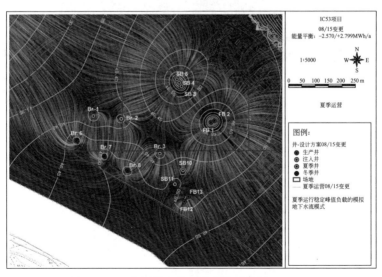

图 8.1.11　案例研究的三维有限元分析（FEM）：
冷却期间的地下水流动情况（Brehm，2009）

（彩图见文末）

图 8.1.12 显示了由生产和注水作业引起的无压地下水位（水文等深线平面图）的变化，其平均排水口水位加上由此得出的地下水流向和流速。彩色的流线描绘了高（紫色到蓝色）、中（绿色到黄色）和低（红色）的流动速度。在生产井和注入井的流入和流出较窄的区域内，陡峭的水力梯度导致局部流速较高。各个相互竞争的生产井之间的水力"角撑板"形成停滞区，与具有良好流动性的含水层相比，预计生产期间停滞区的温度场变化将是缓慢的。

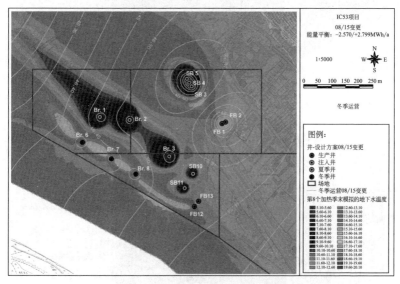

图 8.1.12　案例研究第八个加热季节后的水文等
深线和等温线图（Brehm，2009）
（彩图见文末）

传热的非定常流动模拟表明，在可比边界条件下，仅在几年后就建立了重复的温度循环。这主要是由于系统水力影响半径大，加上地面热惯性大。后者主要是由于高孔隙率造成的，这有助于流动和地下水的高比热容。这些孔隙非常大，而且连接良好，因此地下水可以流动。这就是案例研究中的砾石情况。例如，第八个加热季节和第九个冷却季节后模拟得出的温度分布如图 8.1.12 和图 8.1.13 所示。

在稳定流线图中，东北方向的现有地热能系统 1 显示了地下水

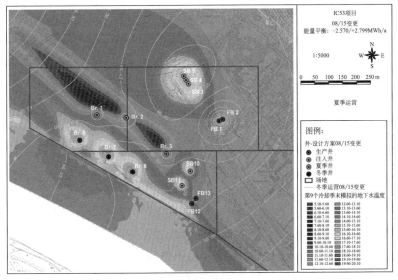

图 8.1.13　案例研究第九个冷却季节后的水文等
深线和等温线图（Brehm，2009）

从注入井到最近生产井的明显流动；但是，在等温线图上不容易看
到这种影响。注水井 SB 3～SB 5 的进一步排放显示出 0.5～1K 轻
微的温升，如绿色阴影所示。这是因为系统在冷却过程中表现出轻
微的过剩。

在生产方面，南部现有的地热能系统 2 受到大面积流动水体的
热力边界和水力边界条件的影响，这对两口井（FB 12）的更南端
有相当大的影响。

规划的新系统 3 显示了约 2570MWh · a^{-1} 能量提取和
2799MWh · a^{-1} 能量补给的大致平衡能量水平。然而，夏季井 Br.1
到 Br.3 的下游形成了细长的冷羽流，但这只会稍微减少冷却水的
抽取量。在夏天，注水井 Br.6 或 Br.7 和生产井 Br.1 之间出现轻
微的热破裂。在不受任何限制的地点，后一口井将进一步向西北方
向移动，但这在该位置是不可能的。

该模型的结果还表明，新系统 3 的运行对现有系统 1 周围区域
的热影响较小，这需要采矿法许可。但是，这不会对 FB 1 和 FB 2

井的流动温度造成任何不利影响。系统 3 对系统 2 也没有不利的热效应。

对系统 3 工作状态的数值模拟揭示了由测得的地热井流动温度产生的优化潜力。个别井的临时较高负荷使消除水力角撑板变得更容易，从而为冷却模式实现更有利、更低的流动温度，这使其自身感觉到整体系统效率的进一步提高。

8.2　含水层热能储存（ATES）

由于地下水的潜在热力和化学影响，批准一个用作 ATES 的位置涉及一系列法律要求（第 4 章），并需要进行全面的土壤调查。

同时，即使是盐渍含水层或地下水也可以用来储存能量。这些类型水的优势在于，它们不属于必须为人类使用而保护的商品。

当规划一个 ATES 时，对现场调查提出了很高的要求。必须确定储存参数（深度、厚度、岩石成分、渗透性和水化学）和水力参数。必须对上面覆盖层和下面隔水层的形成以及含水层本身的形成进行评估。

根据位置的不同，有必要建立土工水力、热力和地球化学模型来描述热活动影响的区域，规定钻孔间距并预测长期行为。

第9章 潜在风险

9.1 5-M方法

本章描述了利用浅层地热能可能引发的风险，以及使这些风险最小化的原理和质量控制措施的建议。

风险定义为不良结果事件发生的概率。风险可以表示如下：

$$S_{rd} = S_{pd} \cdot S_{vd} \qquad (9.1.1)$$

式中 S_{rd}——损伤的风险；

S_{pd}——损伤发生的概率；

S_{vd}——损伤的程度。

就本书的主题而言，具体风险是指钻孔问题发生的概率，即是直接由钻孔、钻孔内的设备或后面地热系统的应用所造成的损害。

为了获得对可能风险源的整体分析，由恩格勒特和沙尔克（Englert and Schalk，2003）所提出的5-M方法（图9.1.1）将被运用并进行拓展。这一方法把所有可能发生的风险因素设定为责任和风险最小化措施定义的一组变量。

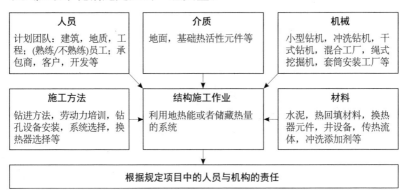

图 9.1.1 基于 Englert 教授开发的 5-M 方法——关于责任的
5-M 风险和原理（Englert and Schalk，2003）

9.1.1 人员

人员，当在风险评估时看作一个因素（Pfeifer and Schmitt，2007），必须履行在工作场所开展某种功能的要求。如果某个机构想要施行质量管理系统，无论认证与否，为了接近这种理想的状态，必须为员工起草经核实的需求概要，并必须为特殊工种选择特殊人员，必须采取有针对性的培训措施，员工应该参加进一步的训练方案，这样他们能够根据最新的技术进行操作。

经理们负责确保训练、职业资质和适合具体工作需要的训练。因此这条原则表明不建议 HVAC 员工开展钻孔工作或者任命钻井建设专家规划整个的地热能系统。因为，评估地质因素超出了建筑学家的领域，同样设计加热系统超过了地质学家的能力。

学校、理工学院、职业训练学校和训练中心提供基本和进一步的训练机会。可以找到侧重于地热能的课程，例如，在德国地热协会（BVG）的主页上（www.geothermie.de），对于商业钻孔承包商的熟练员工等进一步的训练由德国岩土工程协会（DGGT，AK 4.11 学习组）和德国地质学协会（DGG，现在的 DGGV）组织，在建筑业协会（DGGT，2010）的训练中心进行培训。

9.1.2 施工方法

在土体（介质）中钻孔是地热能利用最通常的施工方法。钻孔过程受到很多因素的影响，许多因素是彼此相关的（图 9.1.2）。

钻孔可以分为以下的主要施工过程：

（1）疏松在钻孔底部的土和岩石；

（2）清洁钻孔的底部并把钻孔碎屑运送到地表；

（3）确保钻孔的侧壁不会因为水的流入和流出而坍塌；

（4）在钻孔中安装设备形成一个换热器或热井；

（5）安装调试。

单独进行最先的 3 个施工要求修改方法以适应于钻孔的具体情况。

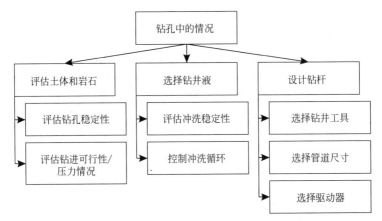

图 9.1.2 影响钻进过程的因素（据 Arnold，1993：
Einflussfaktoren auf den Bohrprozess 绘）

9.1.3 材料

使用的材料可以分为以下几组：资源，比如钻孔工具、套管和钻杆，以及消耗品，例如钻孔设备、填土和钻孔液体等。材料中的误差来源可以分为以下四类：

（1）指导误差

材料误用，没有注意到产品的说明。

（2）生产误差

单个材料或成批的材料有制造缺陷。

（3）设计误差

材料的技术设计有缺陷。

（4）开发误差

最新上市材料尚未发现的问题。

关于材料的建议参考如下：例如在 DVGW W 116（flushing），使用耗材（水泥、钻孔设备）的产品说明书，套筒和工具的标注，例如 DIN 4924（井施工用的砂和砾石）和 DIN 4922（用于钻井的钢滤管），对于国际市场，可从 API 标准中关于钻孔活动的规定中找到。

9.1.4　机械

选择合适的施工机械通常是承包商的责任，实际上对此并没有明确规定。符合性声明旨在保证在使用机器或在机器上工作时需要使用和遵守职业健康和安全的设备。

根据 DIN EN 16228-1，使用机器的大小和类型必须遵从质量要求，这样可以完成钻孔和整修钻孔的目的，并具有充足的余量。这一准则包括满足在干钻时的扭矩和在冲洗钻孔时的负载要求。

特别的，5-M 方法来自于机械中这一事实导致机械部分在应用 5-M 方法中起着重要的作用：操作机械的人员，根据一定的方法和一定的材料在一个仍然不确定的介质（环境）中进行工作。

9.1.5　介质

5-M 方法中 5 个风险因素中的 4 个，即是人、方法、机器和材料，可以通过项目中的有关因素使其最小化。

第五个风险因素，介质，在这里指的是地下土层，不会受到影响。地下土层固有的风险必须通过说明测量结果然后进行评估来确定。

结构和地下土层固有风险的相互作用表现为系统风险的形式，这包含了土木工程施工时相关的所有风险。不包括计算的话，工程科学不可能预测正在使用的建筑系统的所有反应。例如，为地埋管换热器和地热井系统钻孔所涉及的风险与钻孔灌注桩墙、地下连续墙、地下冻结、高压注浆、开挖支护等是相当的。因此，尽管做了最好的规划规定和最佳的执行，仍可能出现缺陷和损坏（Englert，Grauvogl and Maurer，1992）。

在德国，建筑承包过程（VOB）C 部分，特别是 ATV 18301，要求的关于建筑场地和施工的数据必须在进行钻孔工作之前得到确认；关于这一点的重要建议可以从联邦州的地质部门获得。地质信息系统比如基于网络的系统能够覆盖北莱茵-威斯特法利亚联邦州潜在的风险，能够提前提供重要的信息。

从 5-M 方法的意义来讲，潜在的风险位于地下，例如地震、滑坡、岩溶带、甲烷气体溢出、矿山开采的结果、地下水位变动、洪水和承载力低下的岩层，而且军火、污染和污染物、管道和电缆、人造的孔隙或已有建（构）筑物（比如锚杆、注浆设备和其他的地基基础）。

9.1.6　总结

风险评估的性质和范围不能成为商业活动的目的。然而，出于费用的考虑放弃使可识别风险最小化的措施会导致负责人直接为任何损坏和由此产生的结果负责。不能采取使风险最小化的活动属于过失的范畴（表9.1.1）。

钻井承包商和面对的职业危害和相关的保障　　表 9.1.1

施加于其他结构的危害建筑施工中(例如,对附近建筑的危害)	专业赔偿保险
环境损害(例如润滑油泄露)	环境损害保险
对承包商自己的业绩和机械造成的损害(例如坍孔)	技术保险
对承包商自己的设施和设备造成的损害(例如丢失钻井工具)	财产保险
在钻孔中丢失第三方的设备(例如伽马探头在钻孔中脱落)	特别保险(失窃保险或其他保险)

下列责任适用于损害赔偿：
（1）地块的拥有者构成的危害；
（2）客户或开发人员作为工程等的执行者；
（3）设计队伍；
（4）承包商开展工作；
（5）监督和批准机关。

9.2　地质风险

9.2.1　具有膨胀或沉降可能性的岩石

地热能装置面临钻进可能膨胀的岩石或含有膨胀矿物的岩石所带来的风险（Prinz and Strauß，2006）。这是由于在钻井、安装设备和运行系统期间可能发生矿物的体积变化（通常由于膨胀引起的体积增加)、收缩或变形。

从规划的角度来看，重要的是评估在被钻进的岩层中是否会出现以下方面或反应现象：

（1）可膨胀的黏土；

（2）由于水的存在，硬石膏变质为石膏；

（3）石膏从干燥后的溶液中沉淀出来（由于建造、排水、热输入）；

（4）黏土或有机土变干；

（5）由于膨胀现象或结晶压力引起的土体隆起；

（6）由于脱水收缩导致的体积变化。

应使用 EN ISO 14689-1 作为调查范围的指南。

9.2.2 可溶性岩石

可溶性岩石会与地下水发生反应，特别是在水文地质条件发生变化时。由于出于地热能目的的钻探和勘探工作，当地下水到达在自然条件下通常不会到达的地层时，会发生该反应。例如，当地埋管换热器（BHE）钻井导致多层地下水系统中两个含水层之间的泄漏时，这种反应就会发生。从水化学的观点来看，两种地下水的混合也能导致某些岩石溶解度的明显增加。

已经经历过岩溶作用的地层，其特征主要是分布着各种不同大小的孔隙。这种岩层通常易碎并且易于坍塌，由这种现象引起的不利影响可以达到不能进行钻孔或回填的程度。

基本上，以下岩石类型受此影响：

（1）石灰石；

（2）白云石；

（3）石膏岩；

（4）硬石膏地层；

（5）盐岩（氯化物、硫酸盐等）或含盐地层。

9.2.3 超固结岩层和易受孔隙水压力影响的岩层

在钻井作业期间，超固结的土壤会膨胀。然后，临时套筒上的表面摩擦力的增加可能导致必须放弃钻孔。

通过降低可导致沉陷的原承压含水层的有效静水压力，可缓解孔隙水压力对岩石的影响。

此外，由于黏聚力的丧失，一旦发生突发性排水（例如由于钻井），超固结地层的力学性能可能会出现问题。实际上，稳定性的严重丧失可能导致在具有相应地形的某些位置诱发流动和蠕变运动。

9.2.4 地质构造

在规划钻孔时，必须评估和考虑地质结构情况。显然，尤其是地热能钻孔，层理条件和界面结构对钻孔方向和钻孔特性有较大的影响。因此，钻孔方法的选择必须始终符合预期的构造条件。

钻穿不连续带会增加风险。软质岩、糜棱岩或碎裂带对钻孔作业构成独特的挑战。

不连续带的特征是高的水力势能限制在一个有限的区域，或者可能形成难以控制流动的损失区域。

在危险地区，必须考虑到地震和构造运动。

9.2.5 大规模运动

当在地面安装 BHE 时，存在大规模运动（山体滑坡、蠕变和滑动）的风险，最重要的是确保识别到这些风险。大规模运动是历史性的还是活跃的可能无关紧要，不适当的钻井作业可能会重新激活旧的大规模运动，或者可以加速最近的大规模运动。另外，单个 BHE 也可以产生稳定的时刻。

系统运行期间，在有大规模运动的区域中，BHEs 可能会被剪切、压碎或移位，从而导致连接管道受损，并有传热流体泄漏到岩层中的风险。这进而会降低滑体的黏聚力/剪切强度。

除非进行工程地质测试和监测措施，否则不应将 BHEs 安装在具有潜在大规模运动的区域。

9.2.6 塌陷、沉陷和开采沉陷

在岩石可能发生岩溶作用的地区，地下洞室可能会坍塌（例如

天坑），并可能破坏附近钻挖的任何 BHE 或钻井。在现有孔隙中沉积的物质（如流沙）也会对 BHEs 产生不利影响。钻孔会引起这种物质的再分布。

在（以前）采矿区域，上覆岩石的下沉可导致矿井上方地层的沉降（开采沉陷）。

除非进行工程地质试验和监测措施，否则不应在可能发生塌陷的地区和（以前）矿区安装 BHE 系统。

9.2.7　气体逃逸

在建造和运行 BHE 系统时，下列气体对人员和材料构成潜在风险：

（1）甲烷（CH_4）通常作为采矿区域有机物质（褐煤、煤炭、泥炭）的分解产物出现。其出现的先决条件是存在储存空间，例如陷阱结构，甲烷可以在其中积聚。

（2）二氧化碳（CO_2）主要与火山活动或矿泉水（酸性泉水）的出现有关。

（3）硫化氢（H_2S）在自然界中作为一种含量易变的成分存在于天然气和原油中（按体积计算，硫化氢的含量最高可达 80%），它是一种火山气体，溶解在泉水中。它也是腐烂和分解过程的产物，出现在生物质的分解（例如在富营养化池塘底部堆积的消化污泥等）或垃圾填埋场附近。在酸性水形成的地方，它可能对混凝土和金属有腐蚀性。

（4）在铀和钍含量高的地区，氡的含量也会较高。这些地区主要是有花岗岩的中部高地，在德国，主要是黑森林、巴伐利亚森林、费希特尔山和矿石山，以及奥地利北部的花岗岩山脉。从整体上看，德国南部的氡浓度远高于北部。其他氡浓度较高的地方是铀矿、萤石和铅矿。氡通过砌体中的缝隙以及穿透连接管道的地板和墙壁进入建筑物。它在封闭、通风不良的房间里聚积，经过较长时间达到危险的浓度。

9.3 水文地质风险

9.3.1 承压地下水

承压地下水逸出会导致钻孔或者周围地面破坏。进一步的问题是由于物质从地面逸出，以及地下空洞的形成和相关的下沉引起的。大量的水逸出在大多数情况下是难以控制的，必须以可控的方式疏导和排水。

在有危险的地区，可以通过在第一个不透水地层或基岩下方插入临时导管来解决这一问题。

如果不采取或只采取了不充分的预防措施，其结果可能是自流钻孔"不受控制的扩散"，并且在钻孔的可控区域之外可能形成水的通道。

由于含水层之间的渗漏，承压地下水可以导致不同矿化水的转移，但也会导致物质的重新分布，从而导致下沉。必须避免这种影响。

进入上覆层的地下水会影响静水压力。通过激活或产生滑移和剪切平面可以引起地面运动。

地下水的流动及其对钻孔的影响可能会使换热器管道的安装复杂化，甚至产生阻碍。在回填作业中，钻孔内的这种流动可能导致回填材料的分离或不必要的稀释，从而使钻孔的水力密封失效。

水力固化（水泥粘结）回填材料原则上可用于承压地下水的钻孔填充。这种回填材料可能需要添加添加剂，例如增加填充体的重量，以产生反压或缩短固化时间。

9.3.2 多层地下水系统

在多层地下水系统中，不同的压力条件会导致相邻含水层之间的水力交换。这可能是由于地下水位的上升和下降造成的，其结果是不同化学成分的水混合在一起，这就会导致饮用水资源的矿化。因此，必须对钻井通过的多层地下水系统进行恢复。

在污染地区，污染物的扩散和人为活动因素对地下水质量有不利影响。

　　上层滞水可以被排走，但不能排除其对植被和现有系统的影响（见 DIN 18305 中的蓄水措施）。

　　通过一个例子，我们将区分三种潜在的破坏情况：地下水从高水位到低水位流动（图 9.3.1a），地下水从承压层的低水位到非承压层的高水位（图 9.3.1b），地表附近的污染物渗透到较低的地下水（图 9.3.1c）。因此，钻孔设备特别是回填设备对地下水的保护至关重要。

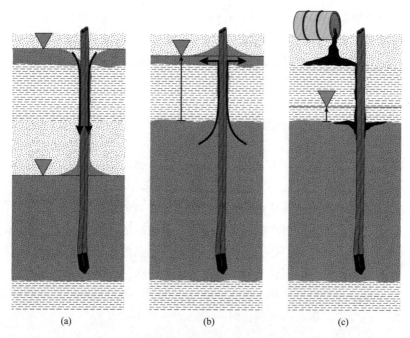

(a)　　　　　　　　(b)　　　　　　　　(c)

图 9.3.1　由 BHE 引起的含水层之间的连接以及随之而来的潜在危险：（a）表面附近的蓄水层和有覆盖的含水层之间的泄漏；（b）由于覆盖层的穿孔而导致的承压含水层未受控制的流量；（c）由于有缺陷的环形密封而产生污染路径（Panteleit and Mielke，2010）

9.3.3　水化学梯度

　　井系统的压力和温度的变化会导致铁、锰、石灰等的析出（结垢、氢氧化铁沉积），特别是再注水时。回注水的注入应始终发生在最低水位以下，并在注入井中尽可能深的地方使用落水管和低流速，以便减少促进沉积析出的紊流。应安装密封的井盖，防止氧气进入。

9.3.4 排气

二氧化碳、一氧化碳、硫化氢等溶解在水中的气体，可在钻透封闭层时释放出来（9.2.7节）。

9.3.5 水的质量

有机土壤和酸性水会侵蚀回填材料。这方面的例子包括混凝土的侵蚀和诸如膨胀黏土等水力有效材料的分散性。

在酸性水和开放式地热系统的情况下，规划建筑服务时，必须特别注意热泵或其他金属部件换热器的腐蚀。将换热器安装在热泵上游，可以简化具有高腐蚀风险的维修工作。然而，这降低了整个系统的效率。

必须考虑细菌污染，细菌污染在大多数情况下由施工缺陷（例如对小动物和昆虫的保护不足）引起，这些缺陷会使地表附近的外来物质对地下水带来污染。造成细菌污染的另一个原因是再注入的地下水温度过高，从而改善了潜伏细菌的生存条件（2.7.2节）。

必须遵守DVGW W 119的规定，确保正在使用的地下水没有沙子。否则，移除土壤会导致地面下沉，水泵会被磨损或损坏。随水输送的物料堵塞注入井或管道，增加摩擦损失，甚至可能导致系统完全堵塞。根据操作的不同，换热器的堵塞最终会导致热泵被冻融循环破坏，从而导致石头等向上移动。

9.4 环境风险

9.4.1 遗留污染及沉积物

在已知存在污染或至少被怀疑存在污染的地区或通过遗留沉积物进行的钻探只能按照严格的标准执行，在某些情况下，这是由立法规定的。更详细的信息可以在相关文献中找到，例如德国联邦各州的遗留污染指南。

因此，地热能源系统的钻孔必须遵守一系列附加规定，在大多数情况下，这些规定是为适合具体项目而制定的（7.1.4 节）。因此，只有在特殊情况下才会批准在对环境卫生至关重要的土地上钻探。这些项目应在非常早期的阶段与当局达成协议。

如果在钻井过程中发现污染，必须遵守相应的环境法规：立即停止钻井，并通知相关部门。决不允许钻孔将污染物转移到未受污染的地区。

当受污染的地下水或岩屑被运送到地面时，必须根据废物处理法例妥善处理。

9.4.2　采矿、采矿危害

必须十分仔细地考虑采矿区域和采矿危害区域（例如后来的沉陷区）的钻探。矿井抽水活动可导致矿周围的地下水位低于天然水位。如果水文地质条件没有得到正确评估的情况下这可能导致 BHE 系统尺寸过小。此外，如果采矿活动停止，钻井中的设备应被设计成具有在地下水再次上升的情况下仍可以使用的能力。

开采沉陷、下沉洞、塌方和与采矿活动有关的其他后果性损害会使得地热能钻孔施工期间存在各种风险。

钻进到地下的孔洞会导致钻孔的损失。有害的矿井气体会积聚在这些空腔中，然后通过钻孔逃逸到地面。

9.5　BHE 安装期间的风险

在安装过程中，钻孔内的管道和管件会受到各种各样的损坏。过大的钻孔可能使安装设备变得困难。管道可能会卡住，并楔入岩层节理中钻孔侧面的开口中（图 9.5.1）。

不合适的垫片会沿管道滑动，并在表面附近聚集。BHE 管道系统底部的安装偏离中心，可能导致管道楔入（图 9.5.2）。此外，钻孔顶部的垫片聚在一起，阻碍了钻孔的正常填充。

当钻孔稳定性较差时，在安装或回填过程中，钻孔侧壁会发生塌陷，破坏 BHE 管道，或使管道无法到达井底（图 9.5.3）。其结

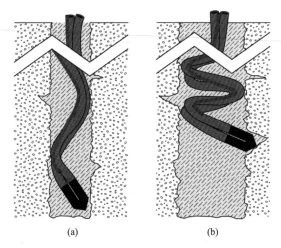

(a)　　　　　　　　(b)

图 9.5.1　BHE 管道楔入一个过大的钻孔中

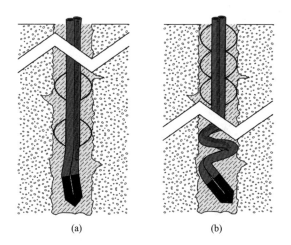

(a)　　　　　　　　(b)

图 9.5.2　不合适的垫片使用导致安装困难

果可能是：

 （1）由于 BHE 深度降低，导致采热能力过低；

 （2）BHE 管道的机械损坏；

 （3）流量被严重限制；

 （4）由于环形空间回填不良而导致含水层之间的渗漏。

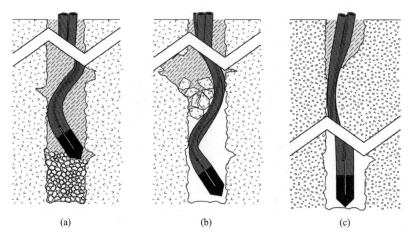

(a)　　　　　　　　(b)　　　　　　　　(c)

图 9.5.3　脆性岩层的安装风险

9.6　运行的风险

　　由于重复交替冻结和解冻，BHE 系统的过度使用或 BHE 回路的液压平衡不足可能导致回填体坍塌。可能的结果如下：

　　（1）地基发生土力学方面的沉降和削弱，从而对地面上的建筑物造成不可挽回的损害；

　　（2）以前没有连接的含水层之间的渗漏；

　　（3）由于冰的形成和尖锐岩石材料的压力对管道造成的机械损坏。

　　如果泄漏检测装置不能正常工作，那么对水有害的物质的泄漏就会被忽视。

　　由于建筑物沉降或植物和树木的根部对钻孔和沟槽内的管道造成机械损伤（例如破碎），从而导致泄漏或系统的比热容量下降。

　　由于运行地热双井而意外导致的大量地下水下降，沉降可能发生在对沉降敏感的土体存在的情况下，例如有机土壤，泥炭或淤泥。依赖地下水位的植被会受到影响。安装不当的井设备造成的细颗粒损失也可能导致沉降发生。

　　注水井周围水位的过度上升可能导致内涝，从而对附近的建筑物和植被造成破坏。建筑本来设计没有考虑抗浮荷载的，例如，地下储罐会被抬升，从而遭受严重损坏。由于氢氧化铁沉积、黏液堆积、结垢或细颗粒进入，注入井的水力能力下降，导致水力阻力增大，从而导致压力升高。未密封的井口和执行不力的钻孔安装可能导致检修口（出入口）进水，甚至导致用于地热目的的地下水泄漏到地表。

在有洪水危险的地区，密封检修（出入）口防止洪水进入尤为重要。通风进气口和出水口的位置必须远高于近 100 年的回程最高水位（HHW100）。确保井口出入口能够抵抗隆起也是十分必要的。

地热的双井运行可能导致未知地下水问题的重新出现，如果操作员不清理污染，那么他的作业许可证会被吊销。此外，有害有机物质可能导致位于地下的部件损坏，例如塑料井过滤器、密封件等。即使在建筑物内，它们也可能导致换热器或管道的损坏。

参考文献

Allison, J.D., Brown, D.S. and Novo-Gradac, K.J. (1991) *MINTEQA2/PRODEFA2, A Geochemical Assessment Model for Environmental Systems: Version 3.0 User's Manual*, Environmental Research Laboratory, Athens, Georgia, USA.

Amt für Umweltschutz Stuttgart (AfU) (2005) *Nutzung der Geothermie in Stuttgart. Schriftenreihe des Amtes für Umweltschutz (1)*, Stuttgart.

Anbergen, H., Frank, J., Müller, L. and Sass, I. (2014) Freeze-thaw-cycles on borehole heat exchanger grouts: impact on the hydraulic properties. *Geotechnical Testing Journal*, **37** (4), 20130072.

Arnold, W. (1993) *Flachbohrtechnik*, Spektrum Akademischer Verlag.

Bayerisches Landesamt für Umwelt (LFU), 1980.

Behörde für Stadtentwicklung und Umwelt Hamburg (BSU) (2013) *Merkblatt zum Prüfverfahren von Verpresssuspensionen in Hamburg.*

Bethke, C.M. (2010) *Geochemical and Biogeochemical Reaction Modeling*, 2nd edn, Cambridge University Press.

Blackwell, J.H. (1954) A transient-flow method for determination of thermal constants of insulating materials in bulk, Part 1. *Journal of Applied Physics*, **25**, 137–144.

Brielmann, H., Lueders, T., Schreglmann, K. *et al.* (2011) Oberflächennahe Geothermie und ihre potenziellen Auswirkungen auf Grundwasserökosysteme. *Grundwasser*, **16**, S77–S91.

Bundesverband der Energie- und Wasserwirtschaft (2014) Entwicklung der Beheizungssysteme im Neubau seit 2000, www.bdew.de.

Bundesverband Wärmepumpe (2009) *Boom bei Wärmepumpen* www.waermepumpe.de.

Buntebarth, G. (1980) *Geothermie*, Springer.

Carslaw, H.S. and Jaeger, I.C. (1986) *Conduction of Heat in Solids*, 2nd edn, Oxford University Press.

Clauser, C. (2002) *Numerical Simulation of Reactive Flow in Hot Aquifers*, Springer.

Clement, T.P., Sun, Y., Hooker, B.S. and Petersen, J.N. (1998) Modeling multispecies reactive transport in ground water. *Ground Water Monitoring & Remediation*, **18**, 279–292.

DGGT (2013) Empfehlungen des Arbeitsausschusses "Ufereinfassungen" (EAU 2012) *Hafen und Wasserstrassen*, 11th edn, Ernst & Sohn.

DGGT/DGGV (Deutsche Gesellschaft für Geotechnik e. V./Deutsche Gesellschaft für Geowissenschaften e.V., (2010) *Merkblatt – Fortbildung und Qualifikationsnachweis – Fachkraft für "Bohrungen für geothermische Zwecke und Einbau von geschlossenen Wärmeüberträger-Systemen (Erdwärmesonden)"* – Stand Juni

2010, Essen.

Domenico, P.A. and Schwartz, F.W. (1997) *Physical and Chemical Hydrogeology*, 2nd edn, John Wiley & Sons, Inc., New York.

Dornstädter, F. and Heidinger, P. (2009) *Enhanced Geothermal Response Test (EGRT) (Erfahrungen aus der Praxis und Vergleiche mit dem klassischen Thermal Response Test (TRT))*. Symposium "10 Jahre Thermal Response Test in Deutschland", Göttingen, 16th September.

Earth Energy Designer - EED (2008) *Software within building physics and ground heat storage*. Manual, BLOCON.

Ebert, H.-P., Büttner, D., Drach, V. *et al.* (2000) *Optimierung von Erdwärmesonden*. *Abschlussbericht*, Deutsche Bundesstiftung Umwelt, AZ.

EnEV (2014) Available at http://www.enev-online.com/enev_2014_volltext/enev_2014_verkuendung_bundesgesetzblatt_21.11.2013_leseversion.pdf

Englert, K., Grauvogl, J. and Maurer, M. (1992) *Handbuch des Baugrund- und Tiefbaurechts*, 2nd edn, Werner.

Englert, K. and Schalk, G. (2003) Die "5-M-Methode" als Hilfsmittel zur Beweisführung bei Baumängeln. *Geolex*, **1**, 17–14.

Ennigkeit, A. (2002) *Energiepfahlanlagen mit saisonalem Thermospeicher*. Mitteilungen des Institutes und der Versuchsanstalt für Geotechnik der Technischen Universität Darmstadt (60), Darmstadt.

Ennigkeit, A. and Katzenbach, R. (2001) The double use of piles as foundation and heat exchanging elements. *International Conference on Soil Mechanics and Geotechnical Engineering*, vol. **2**, Lisse, The Netherlands, pp. 893–896.

Eskilson, P. (1987) *Thermal analysis of heat extraction boreholes*. Ph.D. thesis, Department of Mathematical Physics, Lund Institute of Technology, Sweden.

Farouki, O.T. (1982) *Thermal properties of soils*. U.S. Army Corps of Engineers, Cold Regions Research and Engineering Laboratory, Hannover.

Gehlin, S. (2002) *Thermal Response Test: method, development and evaluation*. Doctoral thesis, Lulea University of Technology, Sweden.

Heidinger, P., Dornstädter, J., Fabritius, A. *et al.* (2004) EGRT: Enhanced Geothermal Response Tests. Die neue Rolle der Geothermie. 5. Symposium Erdgekoppelte Wärmepumpen. Landau i.d.Pf.

Hellström, G. (1997) Thermal response test of a heat store in clay at Linköping, Sweden. Proceedings of Megastock 1997, Sapporo, Japan, pp. 115–120.

Hermann, V. and Czurda, K. (2007) Frost – Tau beständige Hinterfüllbaustoffe für Erdwärmesonden. Tagung für Ingenieurgeologie, Bochum, pp. 11–14.

Hessisches Landesamt für Umwelt und Geologie (2004) Erdwärmenutzung in Hessen. Leitfaden für Erdwärmepumpen (Erdwärmesonden) mit einer Heizleistung bis 30 kW, Wiesbaden.

Hessisches Landesamt für Umwelt und Geologie (2005) Erdwärmenutzung in Hessen, Leitfaden für Erdwärmepumpen (Erdwärmesonden) mit einer Heizleistung bis 30 kW, 2nd revised edn, Wiesbaden.

Hölting, B. and Coldewey, W. (2009) *Einführung in die Allgemeine und Angewandte*

Hydrogeologie, 7th edn., Spektrum Akademischer Verlag.

Homuth, S., Hamm, K., Rumohr, S. and Sass, I. (2008) *In-situ* messungen zur Bestimmung von geothermischen Untergrundkennwerten. *Grundwasser*, **13** (4), 241–251.

Houben, G. and Treskatis, C. (2003) *Regenerierung und Sanierung von Brunnen*, Oldenbourg Industrieverlag.

Huber, A. and Ochs, M. (2007) Hydraulische Auslegung von Erdwärmesondenkreisläufen mit der Software, EWSDruck" Vers 2.0. Eidgenössisches Departement für Umwelt, Verkehr, Energie und Kommunikation, Bundesamt für Energie BFE, Bern, Switzerland.

Huenges, E. (2004) Energie aus der Tiefe: Geothermische Stromerzeugung. *Physik in unserer Zeit*, **35** (6), 282–286.

Ingersoll, L.R. and Plass, H.J. (1948) Theory of ground pipe heat source for the heat pump. *Transactions of the American Society of Heating and Ventilating Engineers*, **47**, 339–348.

Jaeger, J.C. (1956) Conduction of heat in an infinite region bounded internally by a circular cylinder of a perfect conductor. *Australian Journal of Physics*, **9**, 167–179.

Johansen, O. (1975) Thermal conductivity of soils. Ph.D. thesis, NTNU, Trondheim, Norway.

Kaltschmitt, M., Huenges, E., Wolff, H., Baumgärtner, J., Hoth, P., Kayser, M., Sanner, B., Schallenberg, K., Jung, R., Scheytt, T. and Lux, R. (1999) *Energie aus Erdwärme*, Deutscher Verlag für Grundstoffindustrie.

Kapp, C. (1994) Untiefe geothermische Energieressourcen: Theorie und praktische Anwendungen, Berichte der St. Gallischen Naturwissenschaftlichen Gesellschaft (87). St. Gallische Naturwissenschaftliche Gesellschaft, Switzerland.

Kappler, A., Klotzbücher, T., Straub, K.L. and Haderlein, S.B. (2007) Biodegradability and groundwater pollutant potential of organic anti-freeze liquids used in borehole heat exchangers. *Geothermics*, **36** (4), 348–361.

Kharaka, Y.K., Gunter, W.D., Aggarwal, P.K., Perkins, E.H. and DeBraal, J. D. (1988) SOLMINEQ. 88, a computer program for geochemical modeling of water–rock interactions. Water-Resources Investigations Report, U.S. Geological Survey, USA.

Kruseman, G.P. and De Ridder, N.A. (1990) *Analysis and Evaluation of Pumping Test Data*, 2nd revised edn, International Institute for Land Reclamation and Improvement.

Landesamt für Geologie, Rohstoffe und Bergbau (LGRB) (2010) Geologische Untersuchungen von Baugrundhebungen im Bereich des Erdwärmesondenfeldes beim Rathaus in der historischen Altstadt von Staufen i. Br., 1. Sachstandsbericht. Regierungspräsidium Freiburg.

Landesamt für Natur, Umwelt und Verbraucherschutz Nordrhein-Westfalen - LUA (2004) Wasserwirtschaftliche Anforderungen an die Nutzung von oberflächennaher Erdwärme (48), Essen.

Landolt Börnstein (2015) The Landolt-Börnstein Database www.springermaterials.com (accessed August 10, 2015).

Langguth, H.-R. and Voigt, R. (2004) *Hydrogeologische Methoden*, 2nd edn, Springer, Heidelberg.

Lehr, C. and Sass, I. (2014) Thermo-optical parameter acquisition and characterization of geologic properties: a 400-m deep BHE in a karstic alpine marble aquifer. *Environmental Earth Science*, **72** (5), 1403–1411.

Lord Kelvin (1856) Compendium of the Fourier mathematics for the conduction of heat in solids, and the mathematically allied physical subjects of diffusion of fluids and transmission of electrical signals through submarine cables. *Quarterly Journal of Mathematics*, **1**, 41–60.

Lord Kelvin (1860/61) On the reduction of observations of underground temperature. *Transactions of the Royal Society of Edinburgh*, **22**, 251–294.

Mayer, K.U. (1999) MIN3P V1.1. User Guide. Department of Earth Science, University of Waterloo, Ontario, USA.

Mogensen, P. (1983) Fluid to duct wall heat transfer in duct system heat storages. Proceedings of the International Conference on Subsurface Heat Storage in Theory and Practice, Swedish Council for Building Research, Stockholm, Sweden, June 6–8, pp. 652–657.

Müller, L. (2004) Geotechnische Untersuchungen zur Optimierung der geotechnischen Energiegewinnung mit Erdwärmesonden. *Mitteilungen Ingenieur- und Hydrogeologie*, **89**, 49–58.

Müller, L. (2007) Geotechnische Anforderungen an die Qualität und Ausführung von Erdwärmesonden. Tagung für Ingenieurgeologie, Bochum, pp. 359–366.

Müller, L. (2009) Frost-Tauwechsel-Beständigkeit von Hinterfüllbaustoffen für Erdwärmesonden. *bbr*, **7** (8), 30–36.

Nelder, J.A. and Mead, R. (1965) A simplex method for function minimization. *Computer Journal*, **7** (1), 308–313.

Niederbrucker, R. and Steinbacher, N. (2008) Eignung von Verpressmaterialien für Erdwärmesonden, Teil 1: Laboruntersuchungen. *bbr*, **2**, 48–56.

Nielsen, K. (2003) Thermal Energy Storage: A State-of-the-Art. A report within the research program Smart Energy-Efficient Buildings at NTNU and SINTEF 2002–2006, Department of Geology and Mineral Resources Engineering, NTNU, Trondheim, Norway.

Nienhaus, C. and Treskatis, C. (2003) Neue Auflage: Technische Regeln im Brunnenbau. *bbr*, **6**, 28–36.

Parkhurst, D.L. (1995) User's Guide to PHREEQC: A Computer Program for Speciation, Reaction-Path, Advective-Transport, and Inverse Geochemical Calculations. U.S. Geological Survey Water-Resources Investigations Report 95-4227.

Parkhurst, D.L., Kipp, K.L., Engesgaard, P. and Charlton, S.R. (2004) PHAST: A program for simulating ground-water flow, solute transport, and multicomponent geochemical reactions, U.S. Geological Survey Techniques and Methods 6-A8, Denver, CO.

Personenkreis Geothermie (PK Geothermie) der Ad-Hoc-Arbeitsgruppe Geologie (2011): Fachbericht zu bisher bekannten Auswirkungen Geothermischer Vorhaben in den Bundesländern. Informationen aus den Bund/Länderarbeitsgruppen der Staatlichen Geologischen Dienste, Wiesbaden.

Pfeifer, T. and Schmitt, H. (2007) *Masing – Handbuch Qualitätsmanagement*, Carl

Hanser.

Prinz, H. and Strauß, R. (2006) *Abriss der Ingenieurgeologie*, 4th edn, Elsevier.

Prommer, H., Barry, D. and Zheng, C. (2003) PHT3D: a MODFLOW/MT3DMS based reactive multi-component transport model. *Ground Water*, **42** (2), 247–257.

Ramming, K. (2007) Optimierung und Auslegung horizontaler Erdwärmekollektoren: Teil 1. *HLH*, **58**, 24 and 30–35.

Reinhard, G. (1995) Aktiver Korrosionsschutz in wässrigen Medien. *Kontakt & Studium*, **487**, expert.

Rogers, G. and Mayhew, Y. (1967) *Engineering Thermodynamics Work and Heat Transfer*, 4th ed., Pearson Education Ltd.

Sanner, B. (2002) Neu Entwicklungen im Erdwärmesondebau. Geothermische Fachtagung, Waren/Müritz.

Sanner, B. and Hahne, E. (1996) Erdgekoppelte Wärmequellen für Wärmepumpen. *VDI-Bericht*, **1236**, 185–199.

Sanner, B., Mands, E. and Gieß, C. (2005) Erfahrungen mit thermisch verbessertem Verpressmaterial für Erdwärmesonden. *bbr*, **9**, 30–35.

Sanner, B. and Pakso, H. (2002) Storage in the Mediterranean area: possibilities for heating and cooling through underground thermal energy. District heating, agricultural and Agro-Industrial Uses of Geothermal Energy, IGD Greece 2002, Aristoteles University, Thessaloniki, Greece, pp. 63–66.

Sanner, B., Reuß, M. and Mands, E. (1999) Thermal Response Test: eine Methode zur in-situ-Bestimmung wichtiger thermischer Eigenschaften bei Erdwärmesonden. *Geothermische Energie*, **7**, 24–25.

Sass, I. (2007) Geothermie: Erkundung und Planung als Kernaufgaben der angewandten Geologie. Tagung für Ingenieurgeologie, Bochum, pp. 331–340.

Sass, I., Hoppe, A., Arndt, D. and Bär, K. (2011) Forschungs- und Entwicklungsprojekt "3D-Modell der geothermischen Tiefenpotenziale von Hessen". Abschlussbericht, Technische Universität, Darmstadt.

Sass, I. and Lehr, C. (2011) Improvements on the Thermal Response Test Evaluation Applying the Cylinder Source Theory, Thirty-Sixth Workshop on Geothermal Reservoir Engineering, Stanford University, USA.

Sichardt, W. (1927) Das Fassungsvermögen von Rohrbrunnen und seine Bedeutung für die Grundwasserabsenkung, insbesondere für größere Absenkungstiefen. Dissertation, TH, Berlin.

Signorelli, S. (2004) Geoscientific investigations for the use of shallow low-enthalpy systems. Doctoral thesis, Swiss Federal Institute of Technology, Zurich, Switzerland.

Šimůnek, J., van Genuchten, M.T. and Šejna, M. (2006) The HYDRUS Software Package for Simulating Two- and Three-Dimensional Movement of Water, Heat, and Multiple Solutes in Variably-Saturated Media, Technical Manual, Version 1.0. PC Progress, Prague, Czech Republic.

Steefel, C.I. (2001) GIMRT, version 1.2: software for modeling multicomponent, multidimensional reactive transport, User's Guide, Lawrence Livermore National Laboratory, Livermore, CA.

Strauß, R. (2008) Das neue webbasierte Informationssystem zu Gefährdungspotentialen des Untergrundes in NRW. *Geotechnik*, **4**, 282.

Tong, F., Jing, L. and Zimmerman, R.W. (2009) An effective thermal conductivity model of geological porous media for coupled thermo-hydro-mechanical systems with multiphase flow. *International Journal of Rock Mechanics & Mining Sciences*, **46**, 1358–1369.

Treskatis, C. (1996) *Brunnenarten, Brunnendimensionierung und -ausbau*. DVGW: Wassergewinnung und Wasserwirtschaft (Lehr- und Handbuch der Wasserversorgung), pp. 109–235.

Urban, D. (2010a) Druckprüfungen von Erdwärmesonden – Teil. 1: Übersicht Prüfbestimmungen. *bbr*, **61** (2), 50–57.

Urban, D. (2010b) Druckprüfungen von Erdwärmesonden – Teil. 2: Übersicht Prüfbestimmungen. *bbr*, **61** (3), 48–51.

Verband Beratender Ingenieure (VBI) (2012) *Oberflächennahe Geothermie*, 3rd edn., VBI Leitfaden, Berlin.

Walker-Hertkorn, S. and Tholen, M. (2007) *Arbeitshilfen Geothermie, Grundlagen für oberflächennahe Erdwärmesondenbohrungen*, Wirtschafts- und Verlagsgesellschaft Gas und Wasser, Bonn.

Weber, W. (2000) Mineralogie der Inkrustierungen bei der Aquiferwärmespeicherung. Disseration, Universität Lüneburg.

Wiener, O. (1912) Abhandlungen der Mathematisch-Physikalischen. *Königlich Sächsischen Gesellschaft*, **52**, 512.

Yeh, G.-T., Salvage, K.M., Gwo, J.P. *et al.* (1998) HydroBioGeoChem: A Coupled Model of Hydrologic Transport and Mixed Biogeochemical Kinetic/Equilibrium Reactions in Saturated-Unsaturated Media, Report ORNL/TM-13668, Oak Ridge National Laboratory, Tennessee, USA.

Zheng, C., Weaver, J. and Tonkin, M. (2008) *MT3DMS, a Modular Three-Dimensional Multispecies Transport Model: User Guide to the Hydrocarbon Spill Source (HSS) Package*, U.S. Environmental Protection Agency, Athens, GA.

Laws, Standards, Regulations

Bundesberggesetz (BbergG) vom 13. August 1980 (BGBl. I S. 1310), das zuletzt durch Artikel 4 Absatz 71 des Gesetzes vom 7. August 2013 (BGBl. I S. 3154) geändert worden ist (*Bundesberggesetz* (BbergG, German Mining Act) of 13 Aug 1980 (*Federal Gazette* I, p. 1310), last amended by art. 4, para. 71, of the act of 7 Aug 2013 (*Federal Gazette* I, p. 3154).

DIN 1054 (2010) Subsoil: Verification of the Safety of Earthworks and Foundations – Supplementary Rules to DIN EN 1997-1, Beuth, Berlin.

DIN 16228 (2014) Drilling and Foundation Equipment: Safety – Part 1: Common Requirements, Beuth, Berlin.

DIN 18130-1 (1998) Soil: Investigation and Testing – Determination of the Coefficient of

Water Permeability – Part 1: Laboratory Tests, Beuth, Berlin.

DIN 18130-2 (2015) Soil: Investigation and Testing: Determination of the Coefficient of Water Permeability – Part 2: Field Tests, Beuth, Berlin.

DIN 18136 (2003) Soil: Investigation and Testing – Unconfined Compression Test, Beuth, Berlin.

DIN 18299 (2012) German Construction Contract Procedures (VOB) – Part C: General Technical Specifications in Construction Contracts (ATV): General Rules Applying to All Types of Construction Work, Beuth, Berlin.

DIN 18300 (2015) German Construction Contract Procedures (VOB) – Part C: General Technical Specifications in Construction Contracts (ATV): Earthworks, Beuth, Berlin.

DIN 18301 (2015) German Construction Contract Procedures (VOB) – Part C: General Technical Specifications in Construction Contracts (ATV): Drilling Works, Beuth, Berlin.

DIN 18302 (2015) German Construction Contract Procedures (VOB) – Part C: General Technical Specifications in Construction Contracts (ATV): Borehole Sinking Operations, Beuth, Berlin.

DIN 18305 (2015) German Construction Contract Procedures (VOB) – Part C: General Technical Specifications in Construction Contracts (ATV): Groundwater Lowering, Beuth, Berlin.

DIN 4020 (2003) Geotechnical Investigations for Civil Engineering Purposes: Aids to Application, Supplementary Information, Supplement 1, Beuth, Berlin.

DIN 4020 (2010) Geotechnical Investigations for Civil Engineering Purposes: Supplementary Rules to DIN EN 1997-2, Beuth, Berlin.

DIN 4023 (2006) Geotechnical Investigation and Testing: Graphical Presentation of Logs of Boreholes, Trial Pits, Shafts and Adits, Beuth, Berlin.

DIN 4049-1 (1992) Hydrology: Basic Terms, Beuth, Berlin.

DIN 4049-2 (1990) Hydrology: Terms Relating to Quality of Waters, Beuth, Berlin.

DIN 4049-3 (1994) Hydrology: Part 3 – Terms for the Quantitative Hydrology, Beuth, Berlin.

DIN 4126 (2013) Stability Analysis of Diaphragm Walls, Beuth, Berlin.

DIN 4710 (2003a) Statistics on German Meteorological Data for Calculating the Energy Requirements for Heating and Air Conditioning Equipment, Beuth, Berlin.

DIN 4710 (2003b) Statistics on Meteorological Data for Calculating the Energy Requirement for Heating and Air Conditioning Equipment in Germany: Correlation Between Air Temperature and Content of Water Vapor χ, Supplement 1, Beuth, Berlin.

DIN 4710 (2006c) Statistics on Meteorological Data for Calculating the Energy Requirement for Heating and Air Conditioning Equipment: Corrigenda to DIN 4710:2003-01, Corrigenda 1, Beuth, Berlin.

DIN 4922-1 (1978) Steel Filter Pipes for Drilled Wells with Slot Perforation and Fiching (Butt Strap Joint), Beuth, Berlin.

DIN 4922-2 (1981) Steel Filter Pipes for Drilled Wells with Screwed Connection DN 100 to DN 500, Beuth, Berlin.

DIN 4922-3 (1975) Steel Filter Pipes for Drilled Wells: Flanged Connection, NW 500 to NW 1000 (Nominal Diameter 500 to 1000), Beuth, Berlin.

DIN 4922-4 (1999) Steel Filter Pipes for Drilled Wells: Part 4 with Tension Proof Socket Joint – DN 100 to DN 500, Beuth, Berlin.

DIN 4924 (2014) Sands and Gravels for Well Construction: Requirements and Testing, Beuth, Berlin.

DIN 52450 (1985) Testing of Inorganic Non-Metallic Building Materials; Determination of Shrinkage and Expansion on Small Specimens, Beuth, Berlin.

DIN CEN/TS 12390-9 (2006) Testing Hardened Concrete: Part 9 – Freeze-thaw resistance – Scaling, Beuth, Berlin.

DIN EN 12371 (2010) Natural Stone Test Methods: Determination of Frost Resistance, Beuth, Berlin.

DIN EN 12831 (2003) Heating Systems in Buildings: Method for Calculation of the Design Heat Load, Beuth, Berlin.

DIN EN 12831 (2008) Heating Systems in Buildings: Method for Calculation of the Design Heat Load: National Annex NA, Supplement 1, Beuth, Berlin.

DIN EN 12831 (2010) Heating Systems in Buildings: Method for Calculation of the Design Heat Load – National Annex NA, Corrigendum to DIN EN 12831 Supplement 1:2008-07, Supplement 1, Corrigendum 1, Beuth, Berlin.

DIN EN 12831 (2012) Heating Systems in Buildings: Method for Calculation of the Design Heat Load: Supplement 2 – Simplified Method for Calculation of the Design Heat Load and the Heat Generator Capacity, Beuth, Berlin.

DIN EN 12831 (2014) Heating Systems in Buildings: Method for Calculation of the Design Heat Load: Supplement 3 – Simplified Method for Calculation of the Heat Load of Rooms, Beuth, Berlin.

DIN EN 1367-1 (2007) Tests for Thermal and Weathering Properties of Aggregates: Part 1 – Determination of Resistance to Freezing and Thawing, Beuth, Berlin.

DIN EN 15450 (2007) Heating Systems in Buildings: Design of Heat Pump Heating Systems, Beuth, Berlin.

DIN EN 197-1 (2014) Cement – Part 1: Composition, Specifications and Conformity Criteria for Common Cements, Beuth, Berlin.

DIN EN 206 (2014) Concrete: Specification, Performance, Production and Conformity, Beuth, Berlin.

DIN EN ISO 14688-1 (2013) Geotechnical Investigation and Testing: Identification and Classification of Soil – Part 1: Identification and Description, Beuth, Berlin.

DIN EN ISO 14688-2 (2013) Geotechnical Investigation and Testing: Identification and Classification of Soil – Part 2: Principles for a Classification, Beuth, Berlin.

DIN EN ISO 14689-1 (2011) Geotechnical Investigation and Testing: Identification and Classification of Rock – Part 1: Identification and Description, Beuth, Berlin.

DIN EN ISO 17628 (2015) Geotechnical Investigation and Testing: Geothermal Testing – Determination of Thermal Conductivity of Soil and Rock Using a Borehole Heat Exchanger, Beuth, Berlin.

DIN EN ISO 22475-1 (2007) Geotechnical Investigation and Testing: Sampling Methods and Groundwater Measurements – Part 1: Technical Principles for Execution, Beuth, Berlin.

DVGW GW 301 (2011) Unternehmen zur Errichtung, Instandsetzung und Einbindung von Rohrleitungen – Anforderungen und Prüfungen, Deutscher Verein des Gas- und Wasserfachs e.V., Bonn.

DVGW GW 321 (2003) Steuerbare horizontale Spülbohrverfahren für Gas- und Wasserrohrleitungen – Anforderungen, Gütesicherung und Prüfung, Deutscher Verein des Gas- und Wasserfachs e.V., Bonn.

DVGW W 111 (2013) Pumpversuche bei der Wassererschließung, Deutscher Verein des Gas- und Wasserfachs e.V., Bonn.

DVGW W 115 (2008) Bohrungen zur Erkundung, Beobachtung und Gewinnung von Grundwasser, Deutscher Verein des Gas- und Wasserfachs e.V., Bonn.

DVGW W 116 (1998) Verwendung von Spülungszusätzen in Bohrspülungen bei Bohrarbeiten im Grundwasser, Deutscher Verein des Gas- und Wasserfachs e.V., Bonn.

DVGW W 119 (2002) Entwickeln von Brunnen durch Entsanden - Anforderungen, Verfahren, Restsandgehalte, Deutscher Verein des Gas- und Wasserfachs e.V., Bonn.

DVGW W 119 (2003) Entwickeln von Brunnen durch Entsanden - Anforderungen, Verfahren, Restsandgehalte; Beiblatt, Supplement, Deutscher Verein des Gas- und Wasserfachs e.V., Bonn.

DVGW W 120-1 (2012) Qualifikationsanforderungen für die Bereiche Bohrtechnik, Brunnenbau, -regenerierung, -sanierung und -rückbau, Deutscher Verein des Gas- und Wasserfachs e.V., Bonn.

DVGW W 120-1 (2013) Qualifikationsanforderungen für die Bereiche Bohrtechnik und oberflächennahe Geothermie (Erdwärmesonden), Deutscher Verein des Gas- und Wasserfachs e.V., Bonn.

DVGW W 121 (2003) Bau und Ausbau von Grundwassermessstellen, Deutscher Verein des Gas- und Wasserfachs e.V., Bonn.

DVGW W 123 (2001) Bau und Ausbau von Vertikalfilterbrunnen, Deutscher Verein des Gas- und Wasserfachs e.V., Bonn.

DVGW W 124 (1998) Kontrollen und Abnahmen beim Bau von Vertikalfilterbrunnen, Deutscher Verein des Gas- und Wasserfachs e.V., Bonn.

DVGW W 135 (1998) Sanierung und Rückbau von Bohrungen, Grundwassermeßstellen und Brunnen, Deutscher Verein des Gas- und Wasserfachs e.V., Bonn.

DWA-A 138 (2005) Planung, Bau und Betrieb von Anlagen zur Versickerung von Niederschlagswasser, Deutsche Vereinigung für Wasserwirtschaft Abwasser und Abfall e. V.

SIA 384-6 (2010) Erdwärmesonden, Schweizerischer Ingenieur- und Architektenverein,

Zürich, Switzerland.

SIA D 0190 (2005) Nutzung der Erdwärme mit Fundationspfählen und anderen erdberührenden Betonbauteilen - Leitfaden zu Planung, Bau und Betrieb. Schweizerischer Ingenieur- und Architektenverein, Zürich, Switzerland.

VDI 4640 Blatt 1 (2010) Thermal Use of the Underground: Fundamentals, Approvals, Environmental Aspects, Verein Deutscher Ingenieure, Düsseldorf.

VDI 4640 Blatt 1 Corrigendum (2011) Thermal Use of the Underground: Fundamentals, Approvals, Environmental Aspects, corrigendum concerning guideline VDI 4640 Blatt 1, Verein Deutscher Ingenieure, Düsseldorf.

VDI 4640 Blatt 2 (2001) Thermal Use of the Underground: Ground Source Heat Pump Systems, Verein Deutscher Ingenieure, Düsseldorf.

VDI 4640 Blatt 3 (2001) Utilization of the Subsurface for Thermal Purposes: Underground Thermal Energy Storage, Verein Deutscher Ingenieure, Düsseldorf.

VDI 4640 Blatt 4 (2004) Thermal Use of the Underground: Direct Uses, Verein Deutscher Ingenieure, Düsseldorf.

Lagerstättengesetz (LagerstG) in der im Bundesgesetzblatt Teil III, Gliederungsnummer 750-1, veröffentlichten bereinigten Fassung, das zuletzt durch Artikel 22 des Gesetzes vom 10. November 2001 (BGBl. I S. 2992) geändert worden ist. (*Lagerstättengesetz* (Lagerst G, Underground Deposits Act) in the revised edition published in *Federal Gazette* III, classification No. 750-1, last amended by Article 22 of the Act of 10 November 2001 (*Federal Gazette* I, p. 2992).)

Richtlinie 2000/60/EG des Europäischen Parlaments und des Rates vom 23. Oktober 2000 zur Schaffung eines Ordnungsrahmens für Maßnahmen der Gemeinschaft im Bereich der Wasserpolitik. (Directive 2000/60/EC of the European Parliament and of the Council of 23 October 2000 establishing a framework for Community action in the field of water policy.)

Richtlinie 2006/118/EG des Europäischen Parlaments und des Rates vom 12. Dezember 2006 zum Schutz des Grundwassers vor Verschmutzung und Verschlechterung. (Directive 2006/118/EC of the European Parliament and of the Council of 12 December 2006 on the protection of groundwater against pollution and deterioration.)

Verordnung (EG) Nr. 842/2006 des Europäischen Parlaments und des Rates vom 17. Mai 2006 über bestimmte fluorierte Treibhausgase. (Regulation (EC) No. 842/2006 of the European Parliament and of the Council of 17 May 2006 on certain fluorinated greenhouse gases.)

Verordnung über Anlagen zum Umgang mit wassergefährdenden Stoffen (AwSV) vom 25. Februar 2014 (*Verordnung über Anlagen zum Umgang mit wassergefährdenden Stoffen*. (AwSV, Act for Systems Containing Substances Hazardous to Water), of 25 February 2014.)

Verordnung über die Honorare für Architekten- und Ingenieurleistungen (Honorarordnung für Architekten und Ingenieure – HOAI) vom 10. Juli 2013. (*Verordnung über die Honorare für Architekten- und Ingenieurleistungen (Honorarordnung für Architekten und Ingenieure*, HOAI, Official Scale of Fees for Services by Architects and Engineers) of 10 July 2013.)

Verordnung zum Schutz des Grundwassers (Grundwasserverordnung – GrwV) vom

9. November 2010. (*Verordnung zum Schutz des Grundwasser*s (*Grundwasserverordnung*, GrwV, Groundwater Protection Act) of 9 November 2010.)

Wasserhaushaltsgesetz (WHG) vom 31. Juli 2009 (BGBl. I S. 2585), das zuletzt durch Artikel 4 Absatz 76 des Gesetzes vom 7. August 2013 (BGBl. I S. 3154) geändert worden ist. (*Verordnung zum Schutz des Grundwasser*s (*Grundwasserverordnung*, GrwV, Groundwater Protection Act) of 9 November 2010.)

术语表

A

Annual heating energy ratio 年供热能比

一年内热泵系统的可用热量输出与一次能源消耗的比率。

Antifreeze 防冻剂

加入水中以降低其冰点的物质。最初，盐被用于大多数防冻产品，但同时也经常使用有机物质，如二醇和其他醇。目前，最常用的防冻剂是单乙二醇，含有缓蚀添加剂。

Aquifer 含水层

适于接收和输送地下水的岩层。含水层可由松散岩、节理和岩溶岩组成。

Aquitard 隔水层

一种水文地质单元，由于它的低渗透性，不能输送地下水。

Artesian 承压水

压头位于地面以上，当钻穿上覆岩层时水逸出地表，该地下水被称为承压水。

ATES 含水层热能储存

含水层热能储存是一个开环储存系统。

Average interstitial velocity 平均间隙速度

一段流线的长度与地下水流经该段所需时间的比率（例如，利用流动示踪剂进行测试确定的水分子在含水层中流动的虚拟速度）。

B

Bentonite 膨润土

含 2∶1 比例很高的能结合大量水的黏土矿物的黏土。机械运动通过分解微观结构将饱和膨润土转化为液体，但让其静置，则再次变为固体（触变行为）。膨润土经常用作稳定钻孔和封井的冲洗添加剂。它易于泵送，也可用于地埋管换热器周围的回填。

BHE，Borehole heat exchanger 地埋管换热器

垂直或以一定角度安装在地下的管道系统，又称井下换热器（DHE）。

Borehole heat exchanger array 地埋管换热器群组

同时使用的一系列地埋管换热器。

Bottom end cap for BHE BHE 底部端盖

地埋管换热器的最底部。在 U 形管换热器中，基础细节对应于 180°弯曲。

Brownfield site, suspected 棕色地块，疑受污染

合理地被推定为受污染的区域，例如用未指明的材料回填砾石坑，或事先由与环境有关的作业使用。

BTES 钻孔热能储存

钻孔热能储存，一个闭环储存系统。

C

Clay 黏土

粗粒可达 0.002mm 的松散岩石，含不同比例的水分。

Clay minerals 黏土矿物

具有 1∶1 或 2∶1 结构的单斜晶体系统（硅氧四面体和铝氧八面体）的铝硅酸盐。黏土矿物大多具有非常小的颗粒，能够吸附水，并且经常具有可交换的阳离子（钙、钠等）。以下是重要的黏土矿物：

（1）1∶1 型——高岭石，埃洛石；

（2）2∶1 型——伊利石、蒙脱石类（如蒙脱石）、蛭石、膨润土；

（3）其他型——绿泥石，混合层变化，水铝英石。

Coaxial borehole heat exchanger 同轴地埋管换热器

在内部和外部管道之间向下输送传热流体的同心管道，流体在该管道中被加热（又称同心 BHE，套管式 BHE）。加热的传热流体通过内部管道上升。为了避免热量在上升到地面时损失，内部管道通常是绝热的。

COP，Coefficient of performance 性能系数

这是衡量制冷系统和热泵效率的一个指标。COP 值是热量输出与能量（电）输入的比率。在热泵的情况下，COP 是测量压缩机在规定工作状态下所需电驱动能量的热输出，例如 0/35（热源温度 0℃、加热温度 35℃）。它专门评估热泵过程的质量。COP 为 4.0 意味着将输入功率转换为四倍的可用热能。

Confined groundwater 承压地下水

由渗透性较低的岩石覆盖的含水层中的地下水，其压力水头高于含水层的最高水位。

Consolidated rock 固结岩

由一种或多种矿物制成的固体，通常坚硬。固结（或固体）岩石是由岩浆凝固或由未固结沉积物的成岩压实和固结形成的。深成岩、火山岩和沉积岩构成了三种类型的固结岩。固结岩石类型可通过高压和高温进行修改，并通过侵蚀进行分解（与未固结岩石相比）。

Corrosion inhibitor 缓蚀剂

在闭环系统中，例如地埋管换热器，可以将抑制腐蚀的物质添加到传热流体中。缓蚀剂应防止金属表面氧化，从而保护热泵系统免受腐蚀。

CTES 洞室热能储存

D

Direct evaporation 直接蒸发

一种用于热泵或制冷装置的方法，其中热量直接在热源或冷却要求处的低温水平下（与制冷剂的蒸发结合）被吸收（即直接膨胀）。

Dolomite 白云石

一种岩石矿物，$CaMg(CO_3)_2$；也是一种主要由白云石组成的沉积岩。

Drilling report 钻井报告

钻井监督者编制的钻井作业记录。

E

Extraction capacity，specific 单位采热能力

从岩石中提取的能量。这取决于岩石的物理性质。它是质量流量、入流和回流温度之差以及传热流体比热容的乘积。

F

Fabric 组构

岩石的内部结构，包括矿物成分的类型、排列和分布。

G

Geothermal energy 地热能

"地热"一词来源于希腊语中的"地"和"热"。是以热量形式储存在地球表面以下的能量。

Geothermal energy basket 地热能源篮

安装在浅基坑中的螺旋换热管（图 3.1.12）。

Geothermal gradient 地热梯度

在规定深度上的平均温升（低于中性区，平均每 100m 温度变化为 3K）。

Geothermal heat flow 地热热流

地球每单位面积释放的热量（平均 $0.05\sim0.12W\cdot m^{-2}$）。

地热热流来自两个来源：

（1）地球形成时留下的地核和地幔中的能量；

（2）铀、钍和钾的放射性衰变，特别是在地壳中发现的。

GRT；Geothermal Response Test 地热响应试验

原位确定地下土层的热导率特性。

Granite 花岗岩

一种深成岩岩石；含有碱长石、石英和云母。

Gravel 砾石

粗粒径为 2~63mm 的松散岩石。

Groundwater 地下水

位于饱和区的地下水。地下水是由降水和地表水的渗透形成的，其流动完全由重力引起。

Groundwater drawdown 地下水位下降

通过抽水等技术措施降低水位（测压水头或非承压地下水水位）。

Groundwater potential 地下水潜力

在某一给定地区收集的地下水量。

H

Heat capacity，specific 比热容

用于描述一种物质对暴露于热的反应程度和温度上升的物理量。

Heat flux 热流密度

用于定量描述传热过程的物理量。

Heat pump 热泵

把能量从较低的能级输送到较高能级的机器。

Heat，quantity of 热量

在一定单位时间内输送的能量的数量。

Horizontal collector 水平集热器

水平铺设在浅层土壤（0.8~1.5m）中的管道。一种冷的传热流体在这些管道中循环，从周围被太阳辐射和渗透水加热的土壤中吸收热量。

Horizontal trench collector 水平集热器

水平铺设的金属或塑料管道系统，连接到最大 3m 深的沟槽的倾斜侧，然后回填。

Hydraulic conductivity（permeability）渗透系数（渗透率）

固结或非固结岩石中允许水通过的能力。渗透率的符号是 k_f（m/s）。低值 k_f（约$<10^{-7}$m/s）表示低渗透性；高值 k_f（约$>$

10^{-4} m/s）表示具有良好的渗透性。

I

Igneous rock 深成岩

岩浆冷却时结晶形成的岩石；深成岩、火山岩。

Incrustation 水垢

覆盖有矿物沉淀的有机或无机元素。

Injection well 注水井

从地表直接向地下水供水的钻孔（与生产井相比）。

Interface structure 界面结构

界面是岩体中不连续的表面（裂缝、断层、分层和节理）。岩体结构内部的界面整体称为界面结构。

Iron hydroxide deposition 氢氧化铁沉积

除砂光、腐蚀和水垢外，井过滤器过早老化的另一个原因。氢氧化铁沉积发生在含溶解二价铁的低氧还原地下水中，井内水位降低导致二价水溶性铁氧化为三价水不溶性铁。氢氧化铁沉积也可能是由具有铁沉积的细菌引起的。

K

Karst rock 岩溶岩

水溶性岩石，如石灰岩或石膏，其特征是地下水系统、洞穴和深坑。

Kinematic viscosity 运动黏度

黏度是衡量流体流动阻力的指标。动力黏度 η 与流体密度 ρ 之间的关系用运动黏度表示，单位为 m^2/s。因此，它是流体内耗的表达式。

L

Leakage 泄漏

（1）在承压层中通过自然水文地质或人为开口（井和竖管）在多层地下水系统中的含水层之间的地下水流动。

（2）从地埋管换热器或水平集热器意外损失的传热流体或从直接蒸发系统损失的工作流体。

Limestone 石灰石

含有超过 50％（通常高达 95％）碳酸钙的沉积岩，主要以方解石的形式存在。

M

Marl 泥灰

未固结岩石或软质的由黏土和石灰组成的固结岩石（35％～65％）。

Metamorphic rock 变质岩

由于地壳内部的变化而形成的岩石，如片麻岩、大理石、片岩等。

Mica 云母

一组造岩矿物（层状硅酸盐）。由于其优异的解理性能，云母可以分裂成薄片。它们常见于火成岩和变质岩中。重要的云母矿物是白云母和黑云母。

Mudstone 泥岩

固结岩石，压实和固化的黏土。沉积岩（粒径＜0.002mm），主要由黏土矿物组成；进一步的成分为石英、长石和碳酸盐。强沥青的泥岩称为油页岩或板岩。

Multi-layer groundwater system 多层地下水系

一系列相互连接的含水层。

N

Neutral zone 中性区

地下区域，超过该区域则温度波动范围不超过 0.1K，通常在地表以下 10～20m。

P

Permeability 渗透性

能够输送液体或气体（如地下水、石油和天然气）的特性。

Permeability, intrinsic 固有渗透性

一种特定于每种类型岩石的常数，它描述其孔隙系统的属性，而与填充孔隙的任何介质的流体物性无关。

Phase transition 相变

从一种状态到另一种状态的变化。状态可以是固态、液态或气态。

Plutonic rock 深成岩

在很深的地方由岩浆缓慢冷却并变成晶体而形成的岩石。它是根据其矿物成分（肉眼可见的晶体）来命名的。例如花岗岩、正长岩、二长花岗岩、闪长岩和辉长岩等。

Porosity 孔隙率

孔隙体积与一种物质或物质组合的总体积之比。它可作为实际存在的孔隙比例的分类度量。

Primary energy ratio 一次能源利用率（PER）

在一定工况下热泵系统的可用热量输出与一次能源消耗的比值。在该比值中考虑了产生驱动压缩机和辅助机组所需的能量而引起的所有转换损失。PER 对于热泵系统和由一次能源驱动的供暖系统的总能量很重要，对于描述双热源热泵系统或由一次能源驱动的热泵（内燃机、吸附式热泵）也很重要。

Production well 生产井

将地下水引到地表（与注水井相比）。

Q

Quartz 石英

非常常见的造岩矿物，二氧化硅（石英）。

R

Receiving water 接纳水

用于从有限区域带走径流水的地表水（溪流、河流、大海等）的技术名称。

Refrigerant 制冷剂

在热力学过程中，在一个温度级吸收能量并在另一个（更高的）温度级释放能量的流体。最常用是蒸发温度低的物质，它们在吸收热量后呈气态，可以被机械压缩同时自身被加热，并在冷却时冷凝（放热），减压后，在吸收热量的同时再次蒸发。常用的制冷剂有氨、氮氧化物、二氧化碳和烷烃（丙烷和丁烷）。

Return pipework 回热管

在供热系统中，从用热的位置返回到热源的管道系统。一般情况下，回热管指温度较低的管道及配件，也就是在用于供热的地源热泵中，热泵与地下一侧换热器之间的连接。

Rock 岩石

松散岩、固结岩。

Run-off 径流

降水中不直接蒸发或不被植物吸收的部分。我们应区分以下几点：

（1）地表径流：降水从地面排入地表水。

（2）地下径流：降水将地下水排到地表水中，高于实际含水层，而不补充地下水。

（3）直接径流：地表径流和地下径流的总和。

（4）基流：不包括在直接径流部分，即总径流减去直接径流；基流基本上对应于地下水补给。

（5）渗流：从地下水流入地表水的那部分基流。

S

Sand 砂子

粒径为 $0.063 \sim 2mm$ 的松散岩石。

Sandstone 砂岩

一种固结岩石（沉积岩石），由中等大小的颗粒（主要是砂子）组成，并与黏合物（黏土、方解石、硅酸等）黏合在一起。

Saturated zone 饱和带

孔隙完全被水填满的松散岩石或固结岩石。

Seasonal performance factor 季节性能因数（SPF）

可用热量输出与驱动热泵系统所需能量的比值。因此，这是对热泵系统中环境能量（来自外部空气、水、地下水、岩石等的热量）的实际比例的度量。

Sediment 沉淀物

从悬浮物中沉淀出来的松散物质。它可能是水、空气或冰中的颗粒。

Sedimentary rock 沉积岩

一种密实、固化的沉积物。沉积岩是根据它们的成因、粒度和矿物组成来命名的。以下是几种重要的沉积岩：

（1）碎屑沉积岩：物质在重力作用下以颗粒形式运移并沉淀出来，例如泥岩、粉砂岩、砂岩、砾岩、冰雹、黄土等。

（2）化学沉积岩：物质溶解在水中运输，然后由于水的物理/化学变化而沉淀出来，并因重力而沉积，例如矿物盐、硬石膏、石膏、石灰石和石灰。

（3）有机沉积岩：生物体的生物活性对这些岩石的成因至关重要，例如珊瑚灰岩和藻灰岩，还有褐煤和煤。

Seepage water 渗流水

由于重力而流动的非饱和层中的水。

Solubility equilibrium 溶解度平衡

介质中溶质与非溶质之间的平衡。

T

Temperature gradient 温度梯度

用数学运算符描述的三维温差。地壳的温度梯度称为地温梯度。

Texture 结构

岩石成分的三维排列。

Thermal conduction 热传导

无流动介质的分子振动传热。

Thermal conductivity 热导率

物体传递热量的能力，表示为通过物体的热量。

Thermal convection 热对流

通过流动介质进行热传递，其中温度引起的密度差导致循环的发生。

Thermal diffusivity 热扩散率

一种物性常数，它描述了温度梯度导致的热传导过程中温度的三维分布随时间的变化。与用来描述能量传递的热导率有关。

Thermal pile 能源桩

钢筋混凝土桩，用于将热量传递/移除至地面。

Thermal transfer fluid 传热流体

一种在地源换热器中循环的液体，通过对流的方式向地下传递能量或从地下提取能量。在地埋管换热器中，流体以水或水-醇混合物的形式存在且可能含有另外的添加剂。其他物质（防冻剂）可以与水混合以降低冰点及防腐蚀。最初，大多数防冻产品都使用盐（因此是盐水），但同时也经常使用像乙二醇和其他醇类这样的有机物质。丙烷、丁烷、二氧化碳和氨气（NH_3）也可作为传热管中的传热流体。

Thermal water 热水

在德国，指在流出地面处自然温度高于 20℃ 的地下水。

Thixotropy 触变性

在剪切应力作用下的矿物分散流动特性。在足够强的剪切力存在下，矿物的微观结构被撕裂，系统开始流动。一旦力停止，分散流再次固化且黏度增加，该系统具有触变性。

Transmissivity 透过率

渗透率与含水层厚度的乘积。透过率代表渗透性在地下水深度上的积分。

Transport simulation 迁移模拟

水溶性物质在地下水中迁移的数值模拟。使用经校准的地下水模型，可以模拟未来的发展及人为干预措施的影响。

Unconfined groundwater 非承压地下水

压力水头低于含水层最高水位的饱和层中的水。

U

Unconsolidated rock 松散岩

松散的岩石，如砾石、砂子、淤泥和黏土。

V

Volcanic rock 火山岩

火成岩，含有微小的晶体，偶尔还有玻璃，是通过在火山活动后的地球表面迅速冷却而形成的。其命名取决于矿物成分。例如流纹岩、粗面岩、安粗岩、安山岩和玄武岩等。

W

Water content 含水量

土壤或岩石中与干物质有关的水量（在 105℃下干燥），用百分数表示。

Water cycle 水循环

描述了以降水、径流和蒸发形式进行的水在状态和位置上的持续的变化顺序。

Well log 测井图

根据 DIN EN ISO 14688 钻井时所通过地层的顺序、厚度和形状的垂直剖面图。

Working fluid 工质流体

在热力学过程中，在一个温度级上吸收能量，然后在另一个（更高的）温度级上再次释放的媒介；制冷剂。

符号表

符号	定义	常见单位
A	面积	m^2
A_f	网滤器面积	m^2
a_c	无量纲临界井距	1
b_{wi}	截获区宽度	m
C_a	区域热容	$W \cdot s \cdot K^{-1}$
C_p	定压热容(等压)	$W \cdot s \cdot K^{-1}$
C_V	定容热容(等容)	$W \cdot s \cdot K^{-1}$
c_{mp}	定压摩尔热容(等压)	$W \cdot s \cdot mol^{-1} \cdot K^{-1}$
c_{mv}	定容摩尔热容(等容)	$W \cdot s \cdot mol^{-1} \cdot K^{-1}$
c_{sp}	比热容	$W \cdot s \cdot kg^{-1} \cdot K^{-1}$
c_{spp}	定压比热容($=C_p/m$)	$W \cdot s \cdot kg^{-1} \cdot K^{-1}$
c_{spv}	定容比热容($=C_V/m$)	$W \cdot s \cdot kg^{-1} \cdot K^{-1}$
d	直径	m
d_{as}	环隙直径	m
d_b	钻孔直径	m
d_{fa}	滤网孔径	m
d_i	内径(i.d.)	m
d_o	外径(o.d.)	m
d_{pa}	颗粒大小	m
d_{pu}	泵直径	m
d_{spa}	带垫块的 BHE 配管直径	m
d_w	井管直径	m
E_i	指数积分	1

续表

符号	定义	常见单位
F	力	N
g	当地重力加速度	$m \cdot s^{-2}$
h_{aq}	含水层厚度[a]	m
h_{aqo}	含水层上覆土层厚度	m
h_{gws}	储水层厚度	m
I	水力梯度(势梯度)	1
i_z	深度增量	m
K	固有渗透率	m^2
k_f	渗透系数	$m \cdot s^{-1}$
k_{fr}	岩层的渗透系数	$m \cdot s^{-1}$
l	特征长度,流动距离	m
l_b	钻孔深度	m
l_{bf}	流体的特征长度	m
l_f	过滤器长度	m
l_{he}	高效换热器长度	m
l_z	地面以下的垂直深度	m
m	质量	kg
n_{eff}	流动有效孔隙率	$100\% = 1$
n_{fl}	填充流体的孔隙比例	$100\% = 1$
n_{tot}	总孔隙率	$100\% = 1$
p	压力	$Pa = N \cdot m^{-2}$
ρ	密度	$kg \cdot m^{-3}$
Q	热量	J
$\dot{Q}$	热流	W
$\dot{Q}_{ah}$	年热能需求	$kWh \cdot a^{-1}$
q_{sp}	单位热通量	$W \cdot m^{-2}$
q_v	体积热通量	$W \cdot m^{-3}$
r	测量距离	m

符号	定义	常见单位
r	观测点作为中点到线源的距离	m
R_b	钻孔热阻	$k \cdot W^{-1}$
R_{beff}	有效钻孔热阻	$k \cdot W^{-1}$
R_c	隔层热阻	$k \cdot W^{-1}$
r_{dd}	地下水下降的影响半径	m
R_s	表层区热阻	$k \cdot W^{-1}$
R_{th}	热阻	$k \cdot W^{-1}$
R_{tr}	传热阻力	$k \cdot W^{-1}$
R_λ	热阻	$k \cdot W^{-1}$
Ra_D	达西修正瑞利数	1
Ra_{Dcrit}	临界达西修正瑞利数	1
r_b	钻孔半径	m
r_s	表层区半径	m
S_{ed}	损坏程度	currency
S_{pd}	发生损坏概率	$100\% = 1$
S_{rd}	损坏风险	currency
T_{std}	标准时间	s
t	时间	s
t_{min}	最短时间	s
T_0	不受空气温度影响的临界土壤温度	K
T_{abs}	绝对温度	K
T_{bo}	物体温度	K
T_{cu}	不受对流影响区域的温度	K
T_f	流体温度	K
T_{fin}	终温(平衡温度)	K
T_m	流体平均温度	K,℃
T_r	岩层温度	K
U	积分变量	1

符号	定义	常见单位
V	体积	m^3
$\dot{V}$	流量	$m^3 \cdot s^{-1}$
$\dot{V}_{cw}$	单井的容量	$m^3 \cdot s^{-1}$
$\dot{V}_{w}$	入井流量	$m^3 \cdot s^{-1}$
v_{av}	地下水线性平均流速	$m \cdot s^{-1}$
ν	运动黏度	$m^2 \cdot s^{-1}$
v_{crit}	临界流速	$m \cdot s^{-1}$
v_{D}	达西流速	$m \cdot s^{-1}$
v_{Du}	未受影响地下水的达西流速	$m \cdot s^{-1}$
v_{fl}	流动速度	$m \cdot s^{-1}$
W	功,能	$W \cdot s$
w	水的饱和度	$100\% = 1$
x_{fl}	流动距离(泄漏流)	m
x, y, z	位置坐标	m
α	热扩散率	$m^2 \cdot s^{-1}$
α_{bv}	钻井偏离竖直方向的角度	°
α_{eff}	有效热扩散率	$m^2 \cdot s^{-1}$
α_{fl}	流动角	°
β_{a}	季节性能系数(SPF)	1
γ	Euler-Mascheroni 常数(0.57722)	1
γ_{lin}	线性热膨胀系数	K^{-1}
γ_{th}	体积热膨胀系数	K^{-1}
ΔQ	热量变化	$W \cdot s$
ΔT	温差(绝对温度)	K
ΔT_{i}	进水与天然地下水的温差(绝对温度)	K
ΔT_{r}	未受扰动岩层中的温度梯度	K
ΔT_{z}	垂直温度梯度	$K \cdot m^{-1}$
Δz	垂直钻孔轴向偏离	m^{-1}

符号	定义	常见单位
$\Delta\nu$	运动黏度的变化,与位置和时间有关的温度变化	1
δ	标准差	1
ε	性能系数(COP)	1
ζ	一次能源利用率(PER)	1
ζ_a	年热能比	1
η	动力黏度	$Pa \cdot s$
θ	温度梯度	$K \cdot m^{-1}$
ϑ	摄氏温度	℃
κ	热透射率(U-值)	$W \cdot m^{-2} \cdot K^{-1}$
λ	热导率	$W \cdot m^{-1} \cdot K^{-1}$
λ_{dr}	干燥土壤的热导率	$W \cdot m^{-1} \cdot K^{-1}$
λ_{eff}	有效热导率	$W \cdot m^{-1} \cdot K^{-1}$
λ_{max}	最大有效热导率	$W \cdot m^{-1} \cdot K^{-1}$
λ_{min}	最小有效热导率	$W \cdot m^{-1} \cdot K^{-1}$
λ_{sat}	饱和土壤的热导率	$W \cdot m^{-1} \cdot K^{-1}$
λ_{sbo}	固体热导率	$W \cdot m^{-1} \cdot K^{-1}$
λ_{vo}	孔隙热导率	$W \cdot m^{-1} \cdot K^{-1}$
ϕ	用于 GRT 测量的回归线的斜率	1
ξ, ζ, ψ	关于方向的温度函数	1

彩 图

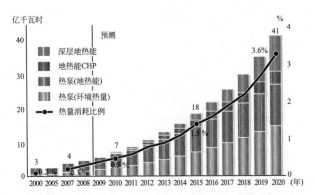

图 1.0.1　2009 年 10 月到 2020 年德国地热能源产量预测
（German Renewable Energies Agency，2009）

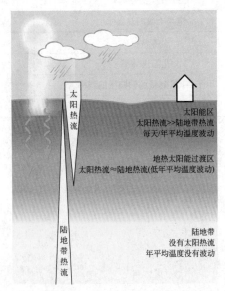

图 2.4.1　太阳能区、地热太阳能过渡区和陆地带示意
（Panteleit and Mielke，2010）

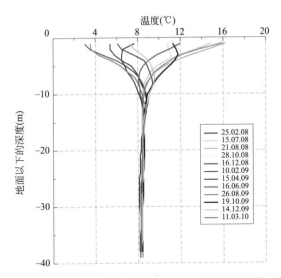

图 2.4.2　太阳能区和地热太阳能过渡区年平均温度变化，柏林，
城市郊区，地面覆盖率 20%～30%（SenGesUmV，
Arbeitsgruppe Geologie und Grundwassermanagement，2010）

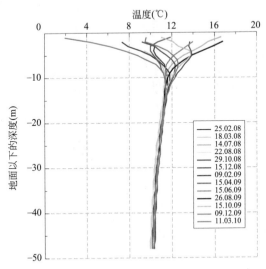

图 2.4.3　太阳能区和地热太阳能过渡区年平均温度变化，柏林，
城市中心，地面覆盖率大于 60%（SenGesUmV，
Arbeitsgruppe Geologie und Grundwassermanagement，2010）

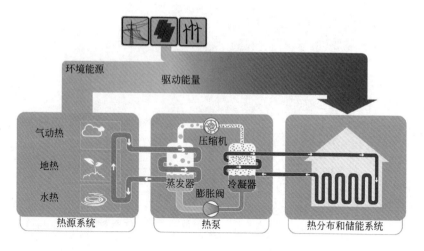

图 3.0.1 热泵的工作原理（Bundesverband Wärmepumpe e. V.，2013）

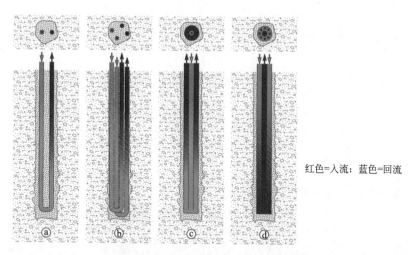

红色=入流；蓝色=回流

图 3.1.1 不同系统布置示意图
ⓐ单 U 形管 BHE；ⓑ双 U 形管 BHE；ⓒ内部回流的同轴 BHE；
ⓓ外部回流的同轴 BHE（Sass and Mielke，2012）

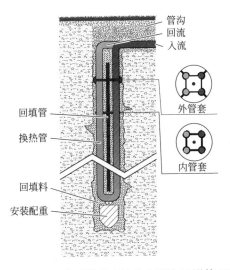

图 3.1.2　与铺设的水平管道连接的典型的 U 形管 BHE 系统
示意图（Sass and Mielke，2012）

（注：这些管道经常铺设在地下，也就是在建筑物下方。内部和外部定位
器仅以示意图形式显示。尽管双 U 形管是实践中最常见的形式，但为了清
楚起见，图中只显示了一个 U 形管布置）

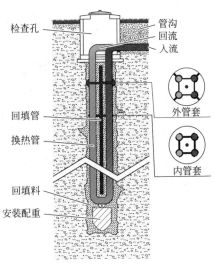

图 3.1.3　与检查孔中铺设的水平管道连接的 U 形管道 BHE 系统
示意图（Sass and Mielke，2012）

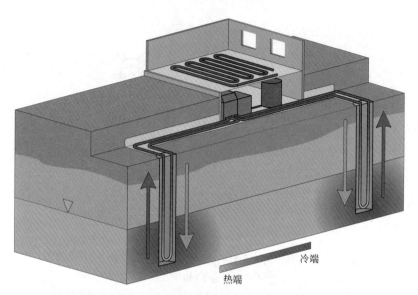

图 3.1.6　独立式住宅的 BHE 系统原理图（Sass and Mielke，2012）

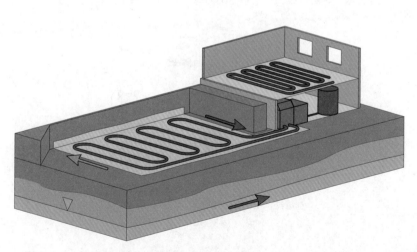

图 3.1.7　带有水平集热器的独立式住宅原理图（Sass and Mielke，2012）

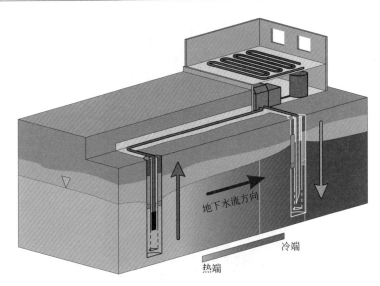

图 3.1.8　独立式住宅的井系统原理图（Sass and Mielke，2012）

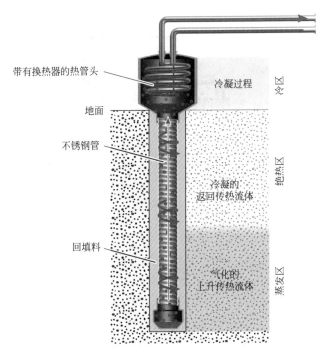

图 3.1.9　热管原理示意（Stegner，Sass，Mielke，2011）

图 3.3.1 BTES 数值模拟（Sass and Mielke，2013）

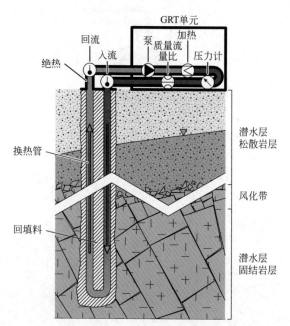

图 6.5.1 GRT 示意图；仅以地质和水文关系为例，为了
清楚起见，省略了对 GRT 单元的内部隔热（Lehr，2012）

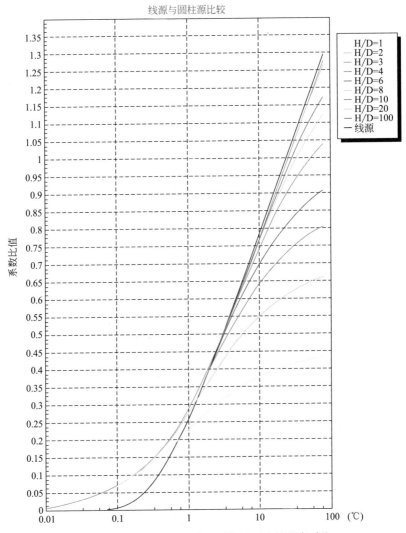

图 6.5.8　基于线源理论和圆柱源理论的温度对比
（采用数值计算软件 GeoLogik）

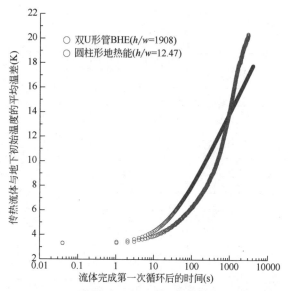

图 6.5.9　对双 U 形管 BHE 和圆柱形地热能源篮进行的测量，
温度曲线的特性与图 6.5.8 所示的理论曲线非常吻合

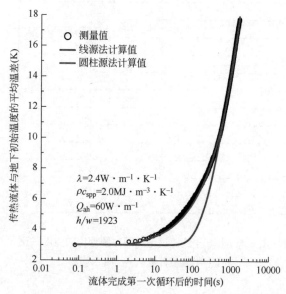

图 6.5.12　圆柱形地热能源篮测量值评价。蓝线表示线源理论的数学近似，
红线表示圆柱源理论的数学近似（采用 TRT 1.1 GeoLogik 软件计算）

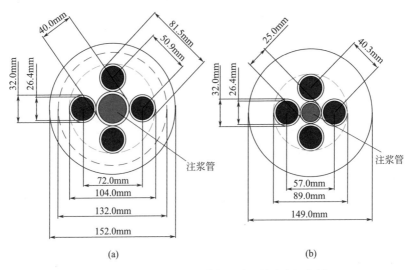

图 7.1.3　换热器管道埋设导则图（附注浆管及常用钻孔直径实例，Heske，2008）

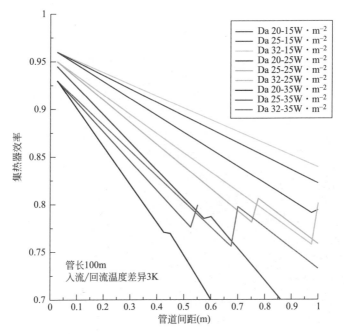

图 7.2.1　管道间距对能源效率的影响（Ramming，2007）

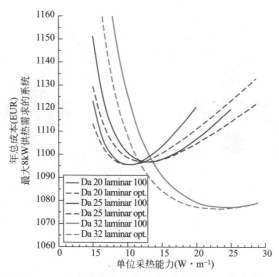

图 7.2.2 最优的入流/回流温度差、最优的管道流动长度及 100m 管道流动
长度的集热器的年度花费（Marek，2012；modified after Ramming，2007）

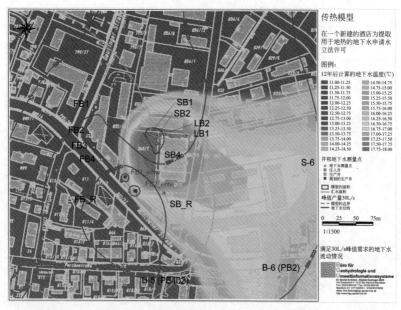

图 8.1.6 三个相互竞争的地热井装置之间的
水热模拟干扰（Brehm，2005）

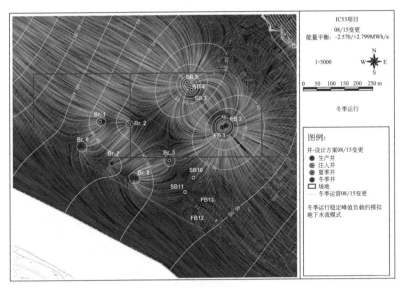

图 8.1.10　案例研究的三维有限元分析（FEM）：
加热期间的地下水流动情况（Brehm，2009）

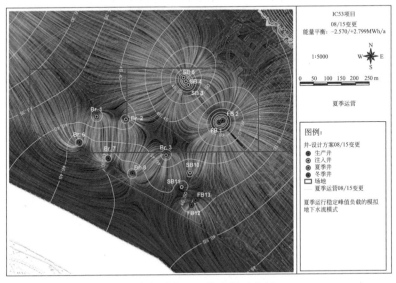

图 8.1.11　案例研究的三维有限元分析（FEM）：
冷却期间的地下水流动情况（Brehm，2009）

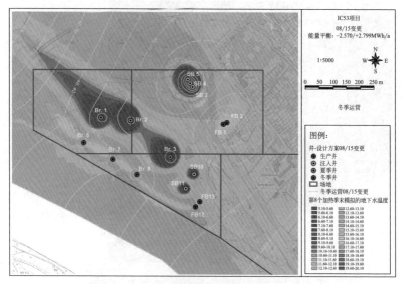

图 8.1.12 案例研究第八个加热季节后的水文等
深线和等温线图（Brehm，2009）

译者简介

赵红华，1977年3月生，山东郓城人，博士，大连理工大学运载工程与力学学部工程力学系副教授/博士生导师。第七届全国岩土工程青年学者论坛主席，曾获澳大利亚奋进长江研究奖学金。主要从事岩土力学与环境能源岩土、先进岩土测试技术、膨胀土、隧道和基坑等方面的相关研究。发表学术论文50余篇，出版专著两部，获得授权专利10余项。

赵红霞，1977年3月生，山东郓城人，博士，山东大学能源与动力工程学院教授/硕士生导师。主要从事能源和动力系统节能、制冷、热泵、空调、蓄冷蓄热和可再生能源等方面的相关研究。发表学术论文40余篇，获得授权专利数十项。

韩吉田，1961年1月生，山东莱阳人，博士，山东大学能源与动力工程学院教授/博士生导师。山东节能协会常务理事，山东制冷学会常务理事。主要从事综合能源系统和清洁能源、燃料电池技术、高效节能技术、多相流与传热、膜蒸馏水净化、热电制冷、换热器与传热强化、热泵技术、碳减排技术等研究。获得军队科技进步一等奖等10多项科技奖励和30多项国家专利，发表学术论文200余篇。